铀浓缩技术系列丛书

# 铀浓缩自控仪表技术

丛书主编　钟宏亮
丛书副主编　马文革　陈聚才
主　　编　郭卫中
副 主 编　郭　鹏　杨　艳　温　伟

中国原子能出版社

**图书在版编目（CIP）数据**

铀浓缩自控仪表技术 / 钟宏亮主编. —北京：中国原子能出版社，2021.12
ISBN 978-7-5221-1768-3

Ⅰ. ①铀⋯ Ⅱ. ①钟⋯ Ⅲ. ①铀浓缩物–自动化仪表 Ⅳ. ①TL212.3

中国版本图书馆 CIP 数据核字（2021）第 256466 号

## 内 容 简 介

本书是第一本有关离心法生产浓缩铀的技术丛书。书中在铀浓缩工艺篇中介绍了离心法铀同位素分离基础、主工艺系统构成、工艺设备知识、级联参数监测与控制、级联产品质量控制、工艺系统联锁、工艺事故处理以及液化均质系统等内容；在铀浓缩系统设备安装调试篇中介绍了真空知识及设备、工艺系统管道安装和真空试验、离心机装架的安装、级联和供取料系统设备安装调试、级联和供取料系统专用设备检修等内容；在铀浓缩分析技术篇中介绍了铀浓缩分析的作用、特点、分析方法的选择、实验室管理、实验室产生的三废处置，阐述了铀化学分离技术、六氟化铀取样、六氟化铀标准物质、分析技术、分析数据的处理等方面的内容。

本书可供从事铀浓缩主工艺相关系统设备科研、设计、生产和教学培训的人员参考。

铀浓缩自控仪表技术

出版发行 中国原子能出版社（北京市海淀区阜成路 43 号 100048）
责任编辑 刘 岩
装帧设计 崔 彤
责任校对 冯莲凤
责任印制 赵 明
印 刷 保定市中画美凯印刷有限公司
经 销 全国新华书店
开 本 787 mm×1092 mm 1/16
印 张 9.625
字 数 241 千字
版 次 2021 年 12 月第 1 版 2021 年 12 月第 1 次印刷
书 号 ISBN 978-7-5221-1768-3 定 价 **35.00 元**

**网址：http://www.aep.com.cn** **E-mail：atomep123@126.com**
**发行电话：010-68452845**

#《铀浓缩技术系列丛书》

## 编　委　会

《铀浓缩自控仪表技术》

# 编 审 人 员


主　　编：郭卫中

副 主 编：郭　鹏　杨　艳　温　伟

编写人员：（按姓氏笔画为序）

王　辉　王念文　石彦华　叶景涛　田巨云　冯　浩　刘　军

刘挺屹　刘海涛　刘琳秀　孙　伟　严功明　李艳楠　杨　艳

杨　蕊　何　青　沈俊宁　张　鸥　张　敏　张宝华　张晓萌

林安吉　孟现峰　封大洋　钟红芳　段生鹏　姜小立　姚　渊

姚会艳　郭　鹏　郭卫中　谈　骁　崔燕燕　熊思达　穆周朝

审校人员：（按姓氏笔画为序）

牛小利　龙晶晶　吕朝明　刘　通　刘士轩　闫耀峰　许艳宾

杨捍卫　杨儒利　陈贵鑫　罗德海　净小宁　郭东升　谢国和

雷永强　翟　微

# 序

铀浓缩产业是一个国家核力量的代表，是核工业发展的基础，是核工业产业链的重要组成部分，是国防建设和核能发展的重要基础，更是有核国家核实力的体现。

自 20 世纪 50 年代扩散法铀浓缩开始，我国老一辈铀浓缩专家刻苦钻研、努力攻关，相继突破了扩散级联计算与运行、铀浓缩供取料技术、铀浓缩相关设备及扩散膜的研发与升级等关键技术工艺，不仅满足了当时核力量生产需要，而且取得了大批创新成果，积累了大量丰富的宝贵经验，培养了许多铀浓缩领域的优秀技能技术人才，为我国核工业打下了坚实基础。

离心法铀浓缩技术是铀浓缩技术方法一种。中核陕西铀浓缩有限公司是最早进行离心法铀浓缩工艺技术科研生产实验的企业，也是我国第一座离心法铀浓缩商用工厂。多年来，秉承核工业人的优良传统，励精图治，稳步推进，在离心法铀浓缩生产科研等方面取得了丰硕成果，不断推高安全稳定生产运行水平，并有效降低了生产成本，保证了核燃料生产的国产化，突破了核工业发展瓶颈，也体现了生产科研较高水平。

《铀浓缩技术系列丛书》广泛吸取了众多离心法铀浓缩领域专家、工程师和技能人员的心血成果和意见，参照吸收国内外先进经验及发展趋势，积累整理大量相关资料编写而成。这既是系统总结我国铀浓缩领域工艺技术自主创新成果，也是留给后继人员的一笔宝贵财富。这本书的出版也完成了我于心已久的夙愿。

最后，感谢相关部门的大力支持帮助和出版社的鼎力相助。祝我国铀浓缩领域工艺技术取得更大进步和发展，为我国核工业和核能事业作出更大贡献。

中核陕西铀浓缩有限公司董事长　钟宏亮

2021 年 12 月

# 前言
Preface

随着近些年国内核电行业的发展，带动了国内离心法铀浓缩技术的蓬勃发展。离心法铀浓缩生产系统是一个庞大而复杂的系统工程，其配套的检测与控制系统更是生产线不可分割的一部分，是保证工艺生产线安全、稳定、经济运行的重要保障。为了让广大科技工作者，尤其是流程工业仪控专业的工程技术人员了解离心法铀浓缩生产线的检测与控制技术，我们编制了本书。

本书共七章。第一章概述了离心法铀浓缩工艺各系统概况、生产过程对检测和保护控制的要求，并介绍了相关各工艺过程检测和控制系统；第二章概述了工业控制系统的基础知识，包括工业自动化技术、工业控制系统的发展过程、过程检测仪表基础知识、执行器的分类及特性等；第三章对离心法铀浓缩生产线主、辅工艺系统中应用的主要过程检测仪表分别进行了论述；第四章对离心法铀浓缩生产线主、辅工艺系统中应用的主要现场执行器及电动工艺设备分别进行了论述；第五章在概述了集散控制系统、可编程控制器、现场总线等通用控制技术，论述了级联工艺过程检测和控制系统、主机转速测量系统、供取料工艺过程检测和控制系统、液化均质工艺过程检测和控制系统、辅助工艺过程检测和控制系统的工艺控制要求、系统结构、组成及功能。第六章论述了包括联锁及实现、频率信号测量方法、电动调节阀控制算法、电伴热控制算法的检测与控制原理。第七章概述了过程检测和控制系统维护方面的设备管理要求、确保工艺系统安全连续运行的管控措施，以及系统检修方面的工程技术。

本书既有工业控制系统深入浅出的概述，又有工程实践经验具体而又实用的总结。本书撰稿者全部是活跃在生产一线的技术骨干，孙伟组织了本书的编写工作，具体执笔的同志有田巨云（第一章），郭卫中、杨蕊（第一、二、四、五、六章），王辉、刘海涛、张晓萌、张宝华（第三章），姜小立（第四、七章），杨艳（第四、五、六章），刘琳秀、冯浩（第五章），沈俊宁（第一、六章），郭鹏（第七章），郭卫中对全书进行了统稿。段生鹏、穆周朝同志在本书的编制过程中进行了技术指导，并提出修改意见。对此表示衷心感谢。

由于成书时间仓促且编者水平有限，不足之处在所难免，敬请读者批评指正。

郭卫中

2021 年 12 月

# 目录
Contents

# 第1章

# 概　述

## 1.1　离心法铀浓缩工艺系统

离心法铀浓缩生产系统是一个庞大而复杂的工程，其核心部分是放置在生产大厅内的离心机群组，离心机按分离理论与级联理论进行串联或并联组合成工艺级联，根据下端用户需要，生产出一定丰度范围内某种产品。

为了保证生产过程的连续，每个工艺级联都会配套有对应的供料、收料系统，级联工艺系统及供料、收料工艺系统是和 $UF_6$ 的分离直接有关的系统，习惯上称为主工艺系统。最终产品出厂前，需通过液化均质系统用于最终产品的均质处理，以保证出厂产品品质的一致性。

按照主工艺系统运行技术条件的要求，围绕离心法铀浓缩生产还有必需的（冷却）水、供电、空调和排风等公共支持系统，其中的冷却水系统及空调系统习惯上称为辅助工艺系统。

各系统均是整个离心法铀浓缩工程不可缺少的部分，主、辅工艺系统都配套有各自的工艺检测和控制系统，离心法铀浓缩生产系统的主要工艺流程如图 1-1 所示。

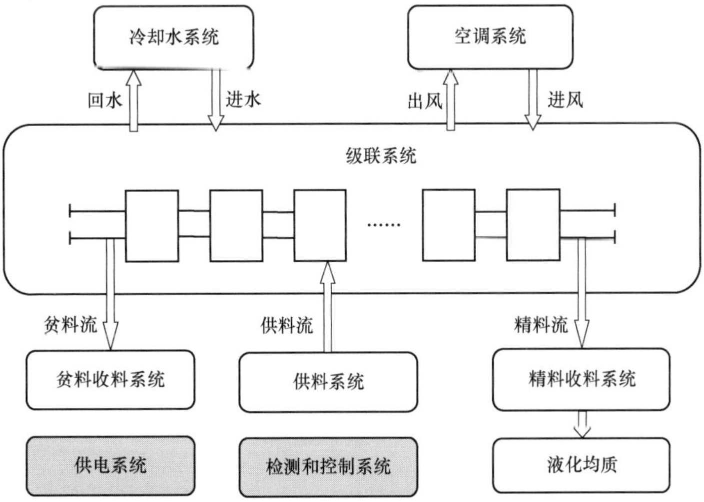


图 1-1　离心法铀浓缩生产系统的主要工艺流程

## 1.1.1　级联工艺系统

要得到足够量的低丰度产品，以满足核电站燃料的要求，必须使离心机生产能力达到一定规模，且使运行厂有一定的经济产能效益。这就必须将成千上万台离心机按照工艺要求串、并联起来，组成一个完整的、高效的、受控的能连续稳定长期运行的系统，此即称为级联。

级联分刚性级联与柔性级联两种，是按下列形式（见图 1-2）搭建起来的：

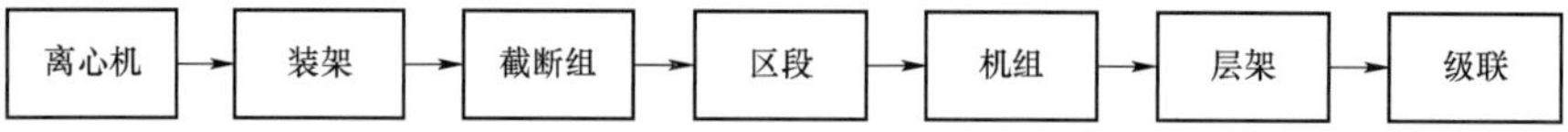


图 1-2　级联结构示意图

### 1.1.1.1　离心机

离心机是级联工艺系统的关键设备：即利用旋转的转子分离铀同位素的精密机械设备。其内部转子是一个中空的圆柱体，当它高速旋转时，其内 $UF_6$ 气体由于粘性力的作用，使气体与转子一起作匀速圆周运动。由于 $^{235}UF_6$ 与 $^{238}UF_6$ 存在质量差（$\Delta M$=3），会沿径向有不同的压强分布，从而产生径向分离，已达到铀同位素分离，使 $^{235}U$ 得到富集。它不能空载运行，也不能超载运行，在合适的环境、温湿度下通过冷却水带走其运行时所产生的大部分热量。我们可以定义其为：离心机是具有能长期高速连续旋转的低损坏率的精密机械设备，是零维修设备。离心机研制成功为核电站发展提供良好的物质基础，易于制造结构简单、运行维护方便、使用寿命较长且价格便宜又不需维修的离心机研制成功，是离心分离原理与实践相结合的成功典范。

### 1.1.1.2　装架

装架是离心机最小组合的安装单元，由 20 台离心机分两排并联而成，并有完善的自我保护功能装置，其结构示意图如图 1-3 所示。

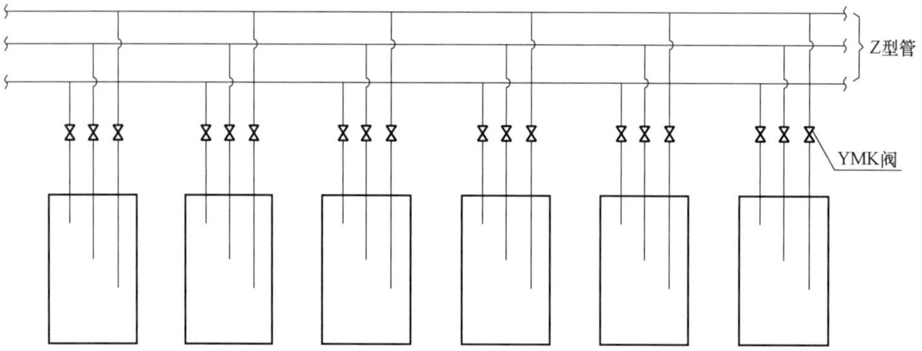


图 1-3　装架内离心机组合示意图

装架内有三根供、精、贫料干管，每台离心机的供、精、贫料支管各通过一个通用隔膜阀（YMK 阀）分别与装架的供精贫干管相连接。正常运行时此阀是打开的，根据需要可以手动开或关以作检查。但当转子破损时会使离心机外套筒发生偏转，会使原先支承在离心机托板上的三个阀门阀柄的立杆自动脱落，阀柄失去支撑后，其内受压弹簧就会自动关闭阀门，使该台离心机从回路上切断，其内产生轻杂质被关闭在机器内而不会进入其他机器。

#### 1.1.1.3 截断组

离心机装架可以分为三、五、七层安装在 Π 型水泥框架上，把框架上一排或二排内装架分成一个组，每组用三根 DN100 管道（即截断组的供、精、贫干管）分别将该组每个装架的供精贫管道连接起来，并通过截断阀实现该组内装架可以与系统内其他装架断开，这样一组离心机装架称为截断组。这是基于离心机安装时抽空、真空测量及更换下阻尼后快速抽空等需要，以及运行后更换故障离心机时尽可能减少对机组的干扰等因素而设置截断组，即截断组是最小的真空单元。每个截断组有编号，每个装架及每台机器均有编号。

#### 1.1.1.4 区段

由三根主管道把两个相邻的 Π 型架上所有截断组的供精贫管分别连接起来，并由区段相应阀门实现与抽空及卸料系统相连，并设置相应压力及保护传感器，可用双阀（一个电阀、一个手阀）与其他区段相断开，这样的机群称为区段。从工艺上来看，我们可以将其定义为：区段是能与工艺回路断开的最小工艺单元。区段内机器数有上千台，区段内离心机在工艺上是并联关系，区段内还有一台补压机，以便将区段内离心机分离所得精料顺利输送到机组精料干管，区段安装 DN3、DN10、DN25 自由阀，便于抽空或连接仪表之用，还设置压力检测（保护）、轻杂质测量（保护）等传感器，用于监控区段压力、轻杂质、冷却水温、空气温度等运行参数，部分事故保护传感器参与区段的事故保护联锁，在事故状态下，自动形成联锁保障防止工艺事故的进一步扩大。另外，区段离心机转速在现场或控制室均可显示，并根据预先设定的报警门限值进行报警。

#### 1.1.1.5 机组

由一个或多个区段并联而成具有独立自动化执行机构的机群称为机组。图 1-4 所示根据工艺需要，一个机组可分为二级运行，在个别级联中，区段还可以跨机组运行。除离心机外，机组内配置调节器（电动调节阀）、自由阀、相应仪表与保护传感器，氟利昂管道或其他临时设备。正常运行工况下，机组接收来自 $N-1$ 机组的精料、$N+1$ 机组的贫料以及料流供入的物料（只有供料点机组有）作为本机组供料，供料通过区段离心机分离后形成贫料、精料并分别进入 $N-1$ 机组及 $N+1$ 机组作为供料。当机组因异常或其他操作需断开、退出工艺回路时，其他机组可通过本机组旁通管相连，保证级联工艺回路正常。

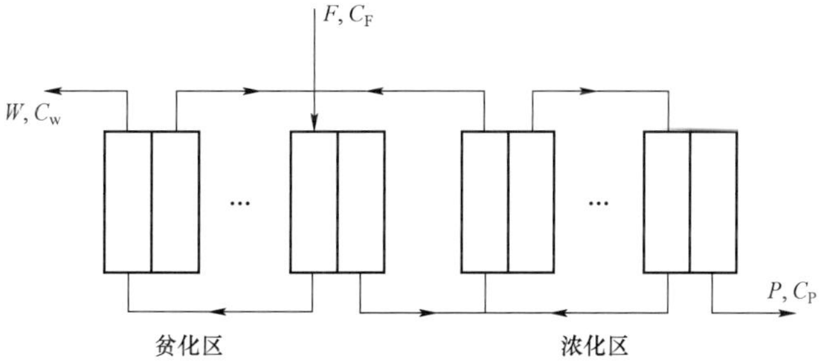


图 1-4 机组连接示意图

### 1.1.1.6　工艺层架与级联

工艺级联系统可以分为层架级联和阶梯级联。

层架级联是将若干机组串联起来而构成一个层架，层架间由串级间管道（MKK）相连接，进而构成一个完整的工艺级联。图 1-5 所示为四层架级联示意图。

图 1-6 所示为单层架级联示意图，它们均是柔性级联。

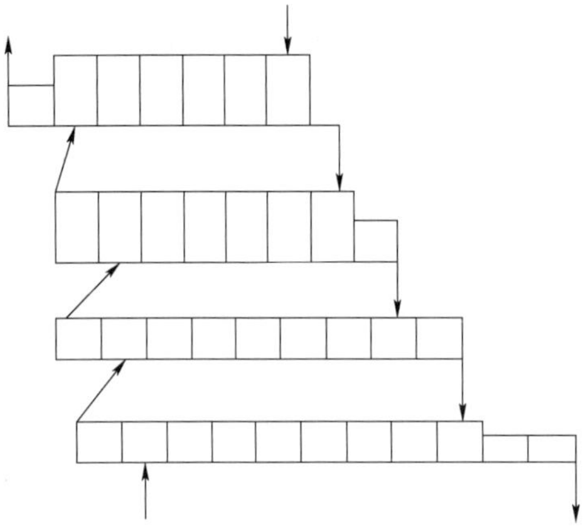

图 1-5　多层架级联结构示意图

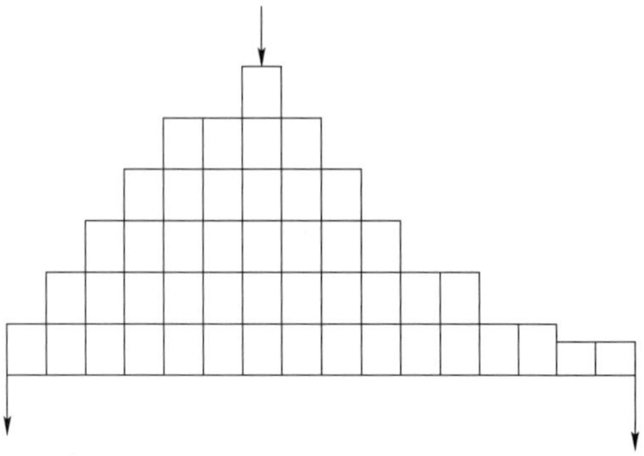

图 1-6　阶梯级联结构示意图

上图中两种结构的级联，其工艺级数均可增减，层架级联中层架内机组数可增减，层架数也可改变，如变成三层或五层，改变均由工艺计算方案来定。

### 1.1.1.7　串级间管道系统

串级间管道是级联结构中不可分割的部分，对级联而言，串级间管道分供料、精料与贫料三种，最终的精、贫料和供料与级联的供、精、贫总管与供取料厂房相连通。多层架级联中各层架间的精、贫料管均布置在级联大厅内，不与供取料厂房相连接。

串级间管道系统结构示意图见图 1-7，为保证串级间管道安全可靠地运行，以及便于故障处理与检修，它们均是双管线系统，一根为主线，一根为备线，可以双线同时运行，也可以单线运行。主、备线进出口端各用一组五阀节点相连接，两个五阀节点间安装有所

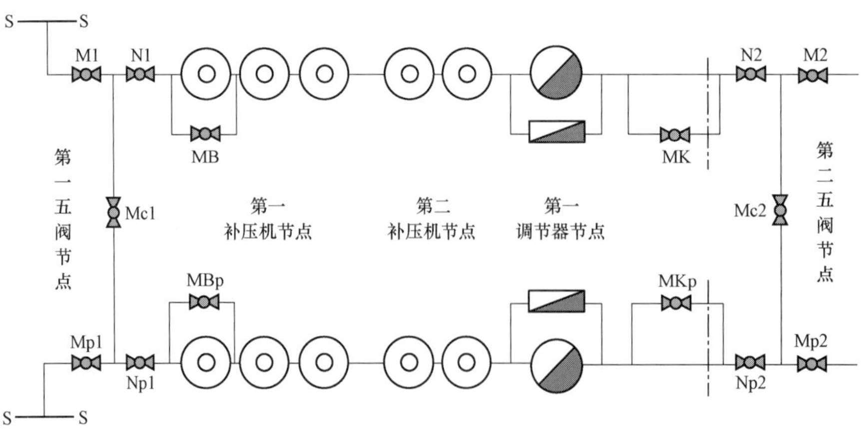


图 1-7　串级间管道系统结构示意图

需工艺设备，如补压机、调节器、孔板、电阀与手阀、自控仪表、串级间管道还有联锁保护功能。

在级联精料端安装一套回流调节器，以实现部分工作气体返回取料机组，因为精料流是取级联精料端机组精料流量中的一部分，另一部分经回流调节器返回本级，这样既取出了所需产品，同时保证级联运行的稳定性。

### 1.1.1.8 级联辅助工艺系统

为确保级联的安装、调试与启动均能顺利进行，以及维护级联持久正常运行，必须配备相应辅助系统。辅助系统分两类，一是水辅助系统：气体离心机冷却系统、补压机冷却系统、变频器冷却系统、气体离心机加热系统，通风和空调系统等；二是气辅助系统：卸料系统、抽空系统、氟利昂处理系统、气体吹洗系统、仪表和调节器零位系统及调节器及压空气系统，下面简单介绍比较重要的几个系统。

（1）卸料系统

当区段或机组出现故障、停电或检修仪表、阀门时，需将内部工作气体迅速抽出，为此设置了卸料系统。

卸料系统由卸料装置及卸料干管组成。由于各级联系统设计不同，装置及设备的数量、型号等有所区别。整体来说，卸料装置主要由卸料大罐、凝冻器、1.5 $m^3$ 贮气罐、增压泵、真空泵、过滤器及自控仪表、电器盘柜等组成。卸料系统示意图如图 1-8 所示。

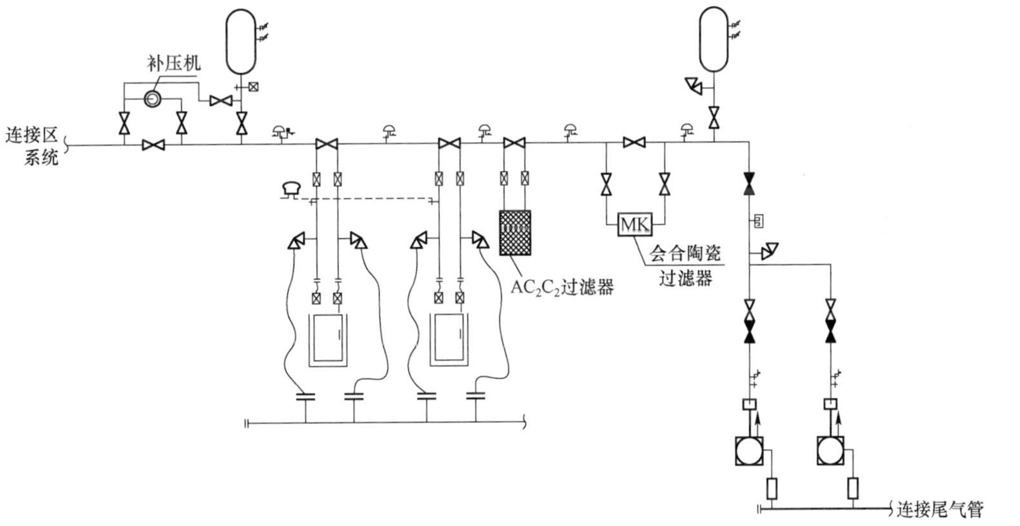


图 1-8 卸料系统结构示意图

（2）气体吹洗系统

与工作气体相接触的设备、管道、阀门、仪表在检修与更换前，需用空气或氮气进行多次破空与抽空操作，称为吹洗。吹洗后的连接管经取样分析达到允许排放标准，则设备等可检修或更换，为此设置吹洗系统，以保护人员及环境的安全。

吹洗系统较为简单，由化学吸附器（一级净化）、金属陶瓷过滤器（二级净化）、喷射泵、真空泵、气溶胶过滤器（三级净化）、相关管线、自控仪表与电气盘柜等组成。

（3）压空系统

调节器内伺服机构的动力来自压缩空气，另外在一些管道安装与设备检修时，需用压缩空气进行吹洗，为此配置了压空系统。

调节器压空系统设备有：三台压空调节器、压空干管、通向调节器的支管、阀门、监测仪表等，两条压空干管互为备用，确保压空送气正常。

（4）零位系统

主辅工艺设备使用的压力传感器等差压式仪表，有一负腔，又称为零位腔。只有当零位腔内压力比被测气体压力小得多，且其变化范围较小时，才能使被测气体压力值显示正确与稳定。另外，在串级间管道上所用调节器也有比较腔，其敏感元件的位移也取决于被调介质压力与零位腔内空气压力的差值，同样要求零位腔内空气压力小而稳定，不会影响调节器的正常运行。由于差压式仪表与调节器的使用要求，设置了仪表与调节器零位系统。

零位系统主要由主、备抽空装置，主、备干管，串级间管线上调节器零位腔的支管及相应的泵、阀门、自控设备等组成。具体来说主要由 1.5 $m^3$ 储气罐、真空泵、快速截断阀、手阀及相应的工艺检测、事故保护的传感器和仪表组成。

（5）抽空系统

抽空系统用于在进行安装、启动和检修工作时，将主辅工艺设备和串级间管道系统工艺设备中的空气（或氮气）抽出。系统包括两套主干管道（预备工况和启动工况）和三套抽空装置（预备状态下的工作装置、启动状态下的工作装置和备用装置）。

级联及其他工艺设备的抽空、真空干燥期间抽空及离心机升周过程抽空等均由抽空系统完成，但正常运行后它的用处就不大了。其构成主要包括：真空泵、油泵、冷阱、储气罐及相关的管线、阀门、自控仪表、电器盘柜等。

### 1.1.2　供取料工艺系统

离心机既不能超载运行，也不能空载运行，必须让离心机级联始终处于动态稳定运行工况下，使供入级联的物料等于流出级联的物料，从而实现连续分离。因此，供取料系统也必须持续安全运行，供料系统保证向级联提供质量合格且数量足够的原料，精料与贫料系统应保证有足够冷凝能力，以及时收取级联分离所得精料与贫料，且不会因自身故障而危及级联正常运行或停止供取料工作。

除了供料、精料与贫料系统外，为维持供取料系统正常运行，还配备有真空系统、吹洗系统、冷却水与压空等辅助系统，自控仪表及电气系统。另外，各系统配置必须满足“工作、备用、拆装与检修”四个功能，从而确保供取料系统处于良好工作状态。供取料设计时需考虑其投运前进行独立完整系统调试能力，供取料系统本身调试合格才能向级联供取料。

离心级联对供取料系统要求除了上述连续不断供取料外，还有两项要求：

- 对原料要求

原料净化合格，供入级联原料中轻杂质含量（容积）≯1%，建议值≯0.1%，所以在供料系统中设置了供料净化装置。

- 供取料系统不能向级联漏入空气

离心机内压力有限值，超过限值会影响其安全，为此在供、精、贫总管上设置压力保护传感器，一旦某一干管压力超过限值，自控系统自动关闭相应电动阀门，将有漏系统与运行系统隔离，以保护级联。

#### 1.1.2.1 供料及供料净化系统

供料系统由多组功能相同的加热箱（压热罐）、保温箱、供料净化冷风箱、50 L 容器、24 L 容器、吸附塔、储气罐、真空泵组、电伴热、自控仪表等设备组成，其作用是将固态原料（$UF_6$）经室温净化、加热净化后以恒定的压力和流量连续不断的送入离心级联大厅，同时，供料系统中的净化收料容器还承担接收级联大厅中的事故卸料工作。其结构如图 1-9 所示。

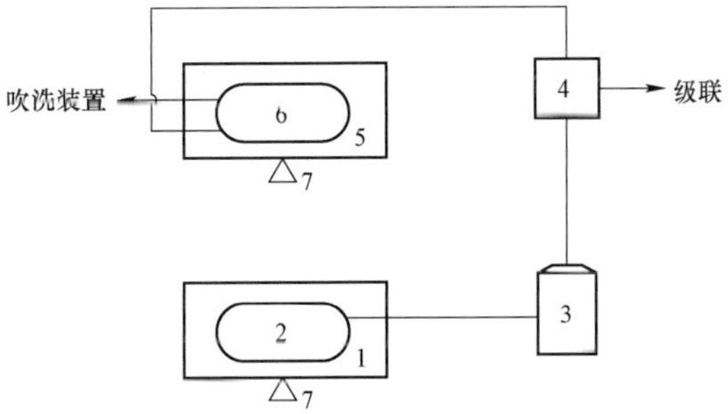


图 1-9 供料工艺系统流程示意图

1—加热箱；2—供料容器；3—过滤器；4—保温箱；5—冷风箱；6—收料容器；7—地平衡

#### 1.1.2.2 精料及精料净化系统

精料及精料净化系统如图 1-10 所示。

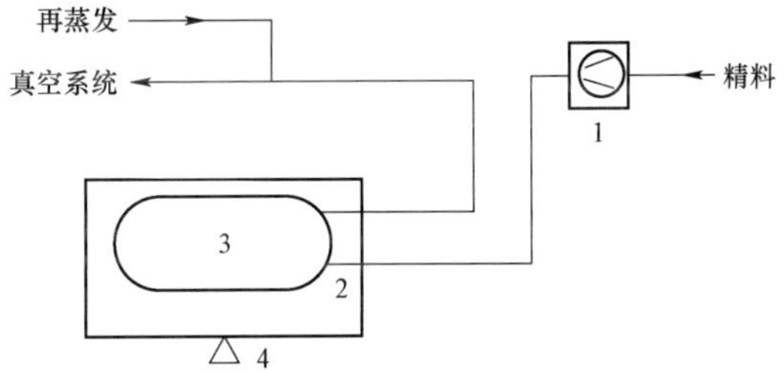


图 1-10 精料工艺系统流程示意图

1—罗茨泵；2—冷风箱；3—收料容器；4—地中衡

精料及精料净化系统的作用是及时平稳地收取级联最终精料。由于级联中轻杂质向精料端集结，所以进入精料收料容器中轻杂质较多，需定时净化，由真空系统中冷凝容器收集。精料系统由多组功能相同的–25 ℃冷风箱、增压泵、电子台秤、电伴热、自控仪表、电气盘柜、阀门等组成。

由于级联中轻杂质向精料端集结，所以进入精料收料容器中轻杂质较多，需定时净化，由真空系统中冷凝容器收集。精料净化时有少量的 $UF_6$ 收集在真空系统的 50 L 容器中，积累到一定量后反蒸发回收到精料收料容器内。

#### 1.1.2.3 贫料系统

贫料系统由多台功能相同的冷风箱、应急冷热箱、增压泵组、电子台秤、电伴热及相应自控仪表、电气盘柜、阀门等组成。它的作用是及时平稳地将离心级联贫料端分离出来的贫料冷凝在相应的冷风箱，待装至规定值后，经加热气化卸至 3 $m^3$ 容器中。流程示意图如图 1-11 所示。

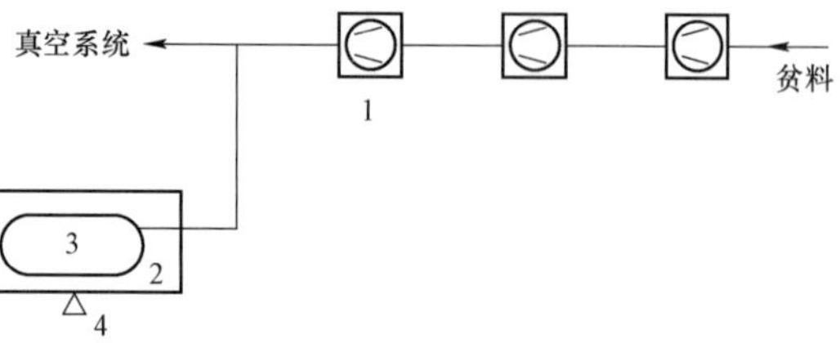


图 1-11　贫料工艺系统流程示意图

1—罗茨泵组；2—冷风箱；3—收料容器；4—地上衡

#### 1.1.2.4　供取料工艺辅助系统

（1）真空系统

真空系统是专门为供取料厂房供、精、贫各系统的净化和抽空而设置。主要设备有：50 L 容器、24 L（或 20 L）容器、小型深冷及加热箱（通常称“制冷柜”）、24 L（或 20 L）凝冻器用低温恒温器（通常称“迪瓦瓶”）。

（2）压空系统

压缩空气系统分调节器用压缩空气和吹洗用压缩空气两个系统，调节器用压缩空气系统主要用于保证气动调节阀和电磁气动阀的运行，吹洗用压缩空气系统主要用于在调试阶段吹洗设备内腔及管道，还有为气体吹洗系统的喷射泵提供动力。

调节器用压缩空气和吹洗用压缩空气均由压缩空气站提供气源（0.5～0.8 MPa）。从压缩空气站来的压缩空气经过压缩空气调节器或减压阀，将高压气体调节减压至 0.28～0.32 MPa 后送至各个用气点，在全部空气压缩机停机的事故情况下由压缩空气站设置的储气罐来保证用气点的用气。

（3）冷却水系统

为精、贫料收料冷风箱，贫料应急收料冷风箱压缩机冷凝器提供冷量。各个供取料厂房的冷却水流量不尽相同，进回水干管温差一般在 3 ℃左右。

### 1.1.3　液化均质工艺系统

液化均质系统用于最终产品的均质处理。由于生产系统的自然波动和随机故障，每时每刻级联的产品丰度存在一定的偏差，精料系统收集时就可能存在不同层的物料丰度不一致。为了消除这种偏差，将产品充分液化规定时间，保证出厂产品品质的的一致性。

液化均质系统结构类似供取料工艺系统的供料系统，但工作温度较高。

### 1.1.4　辅助工艺系统

离心机是具有能长期高速连续旋转的低损坏率的精密机械设备，设计制造成零维修设备。为确保离心机能安全持续运行更长时间，必须借助于外围辅助工艺系统以满足其必要的运行技术条件。

由于离心机、补压机与离心机供电的变频器必须连续通入压力、温度合适的冷却水才能正常运行（带走所产生的热量），且所供冷却水质必须除氧且去除杂质以确保冷却水管不被堵塞，为此需设置离心机冷却系统、补压机冷却系统、变频器冷却系统（统称冷却水系统）及水处理系统。

离心机要求在合适温湿度环境条件下才能安全运行，级联大厅温度始终控制在要求的温度范围内且不产生结露现象，为此设置了空调系统，以确保大厅温湿度。

#### 1.1.4.1 冷却水系统

冷却水系统包括主机冷却水系统、变频器冷却水系统、补压机冷却水系统。主要作用是为主工艺设备提供冷源，带走离心机、变频器、补压机工作时产生的热量。系统补水：气体离心机冷却水系统的补水来自水处理系统。

主机冷却水系统：为主工艺设备提供冷源，带走离心机工作时产生的热量。主机冷却水系统主要包括冷却水泵、制冷机、阀门等主要工艺设备及连接管路、以及配套的电气系统及自控仪表系统。

变频冷却系统：变频器冷却系统用于带走变频器工作时产生的热量。

补压机冷却系统：向补压机及冷风箱提供冷却水。补压机冷却系统及变频器冷却系统主要包括水泵、热交换器、阀门等主要工艺设备及连接管路、以及配套的电气系统及自控仪表系统。

加热系统：用于气体离心机的真空干燥以及机组启动前的升温。加热系统主要包括水泵、热交换器、阀门等主要工艺设备及连接管路、以及配套的电气系统及自控仪表系统。加热系统的补水来自水处理系统，热交换器的蒸汽来自外网蒸汽管道或电锅炉。离心机全部投入正常运行后离心机加热系统就不再使用。

#### 1.1.4.2 水处理系统

水处理系统，负责生产质量合格的除盐除氧水，作为主机冷却水系统、补压机冷却水系统、变频器冷却水系统的补充水。水处理系统主要包括预处理部分、除盐部分、除氧部分。

预处理的目的：

- 去除水中悬浮物固体、胶体和各种有机物；
- 抑制和控制微溶盐的沉淀。

除盐的目的：

水中各种离子的存在会对要冷却的设备或管道造成腐蚀、结垢，另外水中离子含量越高，水的导电性越强，水越不稳定。除盐的目的就是要去除水中的各种离子，降低水的导电性及对设备、管道的腐蚀，防止设备、管道结垢造成的传热效果降低。

除氧的目的：

水中溶解氧推动电化学腐蚀反应，会对设备或管道造成氧腐蚀。

#### 1.1.4.3 空调系统

为保证主机大厅和控制室合适的温度范围和保证大厅内空气的露点温度范围，工厂配套了空调系统。空调系统主要由多套分体风冷热泵屋顶空调机组、风管、送回风口、风阀以及配套的电气系统和仪表系统组成。

每套分体风冷热泵屋顶空调机组均含一台组合式空调送风机组和一台风冷热泵空调室外机；

组合式空调送风机组由新风混合段、初效过滤段、中间段、蒸发挡水段，二次回风段、中效过滤段和送风机段等组成；

风冷热泵空调室外机由压缩机和冷凝风机等组成，具有制冷和制热双功能。

## 1.2 生产过程对检测和保护控制的要求

生产过程自动化是保持生产稳定、降低消耗、降低成本、改善劳动条件、促进文明生产、保证生产安全和提高劳动生产率的重要手段，是20世纪科学与技术进步的特征，是工业现代化的标志。

安全性、经济性和稳定性是离心法铀浓缩工艺生产过程检测和控制系统的基本特点：

● 安全性

安全性是最重要也是最基本的要求，在整个生产过程中，生产过程检测和控制系统的实时性及控制精准性，是确保主设备和工艺系统安全的根本保证。

● 稳定性

工艺系统中大多数工艺过程都是长期、连续的运行方式，过程检测和控制系统应具有抵抗外部干扰，保持生产过程长期稳定运行的能力。

● 准确性

工艺系统中参数采集、过程调节等的准确度直接影响产品的质量，也是控制系统工作性能的重要指标。

● 经济性

过程检测和控制系统是辅助系统，自身不产生经济效益，在考虑安全性、稳定性的同时，兼顾过程检测和控制系统自身的经济性。

工艺生产过程对检测和控制系统的要求主要包括自动检测、自动信号联锁保护、自动操纵和自动控制等方面的内容。

● 自动检测

利用各种检测仪表对主要工艺参数进行测量、指示或记录，如加热温度、压力检测，代替操作人员对工艺参数的不断观察与记录，起到人的眼睛的作用。

● 自动信号和联锁保护

生产过程中的一种安全装置，对生产过程关键参数设置越限报警或联锁保护，确保生产过程中的设备安全和工艺系统的安全。

——当关键工艺参数超过了允许范围，在事故即将发生以前，信号系统就自动地发出声光信号提示操作员注意，并及时采取措施。

——如工况已到达危险状态时，联锁系统立即自动采紧急措施，打开安全阀或切断某些通路，必要时停车卸料，以防止事故的发生和扩大。

● 自动操作及自动开停车

自动操作系统是一种根据预先规定的步骤（程序），自动地对生产设备进行某种周期性操作。

自动开停车系统可以按照预先规定好的步骤，将生产过程自动地投入运行或自动停车。

- 自动控制

对生产过程中某些关键性参数进行自动控制，通过构成闭环系统，对生产过程中某些重要的工艺变量进行自动调节。

——在工艺变量受到外界干扰（扰动）的影响而偏离正常状态时，自动控制系统能自动地控制，回到规定的数值范围内。

——利用自动控制装置构成的过程控制系统，可以在没有人直接参与的条件下，使这些工艺参数能自动按照预定的规律变化。

## 1.3 离心法铀浓缩工厂的工艺过程检测和控制系统

在离心法铀浓缩工厂工艺过程中用到了大量的阀门、泵、调节器（阀）、风机、制冷机、加热箱、冷风箱等机械设备，它们根据一定的程序、时间和逻辑关系定时启、停、开、关或自动调节功能。同时，在离心法铀浓缩的工艺过程同其他工艺过程类似，也要在一定的温度、压力、流量、液位、浓度等工艺条件下进行。因此，在工艺现场应用了大量的压力、轻杂质、温度、重量等参数采集仪表。为保障工艺过的安全正常持久运行，配套有完善的监测、控制、远控操作、事故保护及记录等功能的工艺过程检测和控制系统，使各工艺运行系统处于良好的受控状态。

工艺过程检测和控制系统主要用于完成对现场工艺设备运行状态和各种传感器参数的采集、分析，上传及集中显示、记录；同时识别工艺操作员的操作指令，并将相关指令下发到位于现场的执行机构上；并且在控制系统检测到工艺事故时，自动形成一些相关的事故保护指令并执行保护动作，防止工艺事故的进一步扩大。

### 1.3.1 工艺过程检测和控制系统

工艺过程检测和控制系统，主要是使用计算机技术，微电子技术，电气手段，使工厂的生产和制造过程更加自动化、效率化、精确化，并具有可控性及可视性。

铀浓缩工厂的工艺过程检测和控制系统，其发展主要经历了三代：第一代系统为采用常规仪表、集成电路技术，其特点是采用小规模集成电路，基于数字时序逻辑，全部利用硬逻辑器件完成级联工艺系统控制，供取料及辅助工艺控制系统参照常规化工厂采用数字化仪控系统。第二代系统是基于单片机技术、计算机控制技术和现场总线（Field bus）技术所形成的过程控制系统。其在第一代控制系统的基础上集成度更高，实现了软硬件结合的控制方式。第三代系统就是现今流程工业广泛应用的以微处理器技术和信息技术为基准的数字化控制技术，即集散控制系统（DCS）。它主要基于 4C 技术，即计算机-Computer、控制-Control、通信-Communication 和 CRT 显示技术。

### 1.3.2 工艺过程检测和控制系统的组成

工艺过程检测和控制系统主要由监控层、逻辑层、动力层、执行机构（被控制对象）

及仪表组成。

● 监控层

监控层主要用于人机交互，一般位于中央控制室内，主要由调度盘、监控计算机、操作台、打印机及配套的电气自控盘柜组成。

● 逻辑层

逻辑层主要用于现场数据处理及控制，目前离心法铀浓缩系统主要的逻辑层设备包括集散控制系统（Distributed Control System，DCS）、可编程控制器（Programmable Logic Controller，PLC）等主控制系统，PLC 主要用于小型控制系统，在设备层应用较多；控制系统中要求分散控制、集中管理的场合多数采用 DCS 控制系统。

● 动力层

动力层主要接收逻辑层的控制指令，并对现场执行机构进行控制，同时采集现场执行机构的状态信息并发送至逻辑层。动力层设备主要包含阀门控制柜、补压机控制柜、泵阀柜等。

● 执行机构（被控制对象）

在工艺过程检测和控制系统中执行机构（被控制对象）一般指控制设备或过程（工艺、流程等）等。在工艺过程检测和控制系统中，广义的理解被控对象包括工艺过程、泵、阀门等具体的设备；狭义的理解可以是各设备的输入、输出参数等。

● 仪表

是指采集现场温度、压力、流量、轻杂质、液位等非电量信号的设备，经过变送转换为 0～10 V 或 4～20 mA 标准电信号的装置，这些标准信号接入 PLC、DCS 等控制系统，最终参与整个系统的参数采集和控制。

### 1.3.3　工艺过程检测和控制系统的功能

离心法铀浓缩工厂的工艺过程检测和控制系统主要是对主、辅工艺系统的生产过程进行自动控制和自动调节，使主、辅工艺系统运行工况指标达到预期要求。工艺过程检测和控制系统具有的功能概括如下：

● 控制操作

在控制室能对被控设备进行在线实时控制，如启停某一设备，调节某些模拟量输出的大小，在线设置 DCS 控制器的某些参数等；

● 显示功能

用图形实时地显示各现场被控设备的运行工况，以及各现场的状态参数等；

● 数据管理

利用实时数据库和历史数据库中的数据进行比较和分析，可得出一些有用的经验参数，有利于优化处理过程和参数控制；

● 报警功能

当某一模拟量（如温度、压力、重量等）测量值超过给定范围或某一开关量（如泵故障、阀门开关故障等）发生变位时，可根据不同的需要发出不同等级的报警；

● 打印功能

可以实现报表和图形打印以及各种事件和报警实时打印。打印方式可以采用定时打印或事件触发打印。

### 1.3.4 工艺过程检测和控制系统功能的实现

- 逻辑控制功能

逻辑控制是指控制器的开关量控制，对于自动化控制来说逻辑控制是最基本也是最广泛的应用，逻辑控制是实现各种保护控制的基础。

- 模拟量控制功能

在工厂的自动化控制中，有许多连续变化的量，例如温度、压力、流量、液位等都是在随着工艺流程不断变化的量，我们称之为模拟量。但是要实现对这些模拟量的控制就必须进行模拟量与数字量的转换，即 A/D 转换。当需要对模拟量进行控制时，需进行数字量与模拟量的转换，即 D/A 转换。所以，控制器均配备了 A/D 和 D/A 转换模块，可以方便的用于对系统模拟量的监测及控制。

- 过程控制功能的实现

过程控制是指对温度、压力、流量等模拟量进行的闭环控制。对于复杂的系统控制，控制器能编制各种各样的控制算法程序，完成闭环控制。PID 调节是一般闭环控制系统中用得较多的调节方法，DCS 系统都有 PID 模块。

- 数据处理功能

PLC、DCS 控制器具有数学运算、数据传送、数据转换、排序、查表、位操作等功能，可以完成数据的采集、分析及处理。这些数据可以与存储在存储器中的参考值比较，完成一定的控制操作。

### 1.3.5 离心法铀浓缩工艺过程检测和控制系统的布置

离心法铀浓缩工厂中，工艺过程检测和控制系统以各主、辅工艺系统为对象分别独立布置，目前控制系统类型主要为分布式控制系统（DCS）及以计算机测控节点为核心的专用数据采集与监控系统。

工艺过程检测和控制系统一般由二级构成，第一级是分布在各工艺设备厂房的就地参数采集和处理设备，第二级是控制室内的集中检测、控制、操控及记录系统。工艺过程检测和控制系统网络拓扑简单，全部都是以总线形式连接，其中的 DCS 系统全部采用了双网冗余机制，每套系统网络在网络策略及数据分组的基础上实现了具有对等 C/S 特征的操作网。

离心法铀浓缩工厂典型的工艺过程检测和控制系统布置见表 1-1。

**表 1-1 过程检测和控制系统的布置**

| 工艺系统 | | 过程检测和控制系统 | 系统架构 | 说明 |
|---|---|---|---|---|
| 主工艺系统 | 级联工艺系统 | 级联工艺过程检测和控制系统 | 基于商用 DCS 系统 | |
| | | 主机转速测量系统 | 定制的专用计算机测控系统 | |
| | 供取料工艺系统 | 供取料工艺过程检测和控制系统 | 基于商用 DCS 系统 | |
| | 液化均质工艺系统 | 液化均质工艺过程检测和控制系统 | 基于商用 DCS 系统 | |
| 辅助工艺系统 | 冷冻水工艺系统 | 冷冻水工艺过程检测和控制系统 | 基于商用 DCS 系统 | |
| | 空调工艺系统 | 空调工艺过程检测和控制系统 | 基于商用 DCS 系统 | |

# 第2章

# 工业控制系统基础

## 2.1 工业自动化技术

工业自动化技术是一种运用控制理论、仪器仪表、计算机和其他信息技术，对工业生产过程实现检测、控制、优化、调度、管理和决策，达到增加产量、提高质量、降低消耗、确保安全等目的的综合性高技术，包括工业自动化软件、硬件和系统三大部分。工业自动化技术作为20世纪现代制造领域中最重要的技术之一，主要解决生产效率与一致性问题。无论高速大批量制造企业还是追求灵活、柔性和定制化企业，都必须依靠自动化技术的应用。自动化系统本身并不直接创造效益，但它对企业生产过程起着明显的提升作用：

- 提高生产过程的安全性；
- 提高生产效率；
- 提高产品质量；
- 减少生产过程的原材料、能源损耗。

传统的工业自动化系统即机电一体化系统主要是对设备和生产过程的控制，即由机械本体、动力部分、测试传感部分、执行机构、驱动部分、控制及信号处理单元、接口等硬件元素，在软件程序和电子电路逻辑的有目的的信息流引导下，相互协调、有机融合和集成，形成物质和能量的有序规则运动，从而组成工业自动化系统或产品。

在工业自动化领域，传统的控制系统经历了气动仪表控制系统、电动单元组合式模拟仪表控制系统、集中式数字控制系统和集散式控制系统DCS的发展历程。

随着控制技术、计算机、通信、网络等技术的发展，信息交互沟通的领域正迅速覆盖从工厂的现场设备层到控制、管理各个层次。工业控制系统（ICS）一般是指对工业生产过程及其机电设备、工艺装备进行测量与控制的自动化技术工具（包括自动测量仪表、控制装置）的总称。今天，对自动化最简单的理解也转变为：用广义的机器（包括计算机）来部分代替或完全取代或超越人的体力。

## 2.2 工业控制系统的发展过程

工业控制系统即由计算机与工业过程控制部件组成的自动控制系统。在工业控制系统的发展过程中，每一代新的控制系统的推出都是针对老一代控制系统存在的缺陷而给出的解决方案同时也代表着技术的进步和效能的提高。工业控制系统在其发展过程中大致可划分为以下几个阶段：

（1）初级控制系统

20 世纪 50 年代以前，由于工业生产规模较小，各类检测、控制仪表处于发展的初级阶段，生产设备以机械设备为主，所用的设备主要是安装在生产现场、具有简单测控功能的基地式仪表，信号基本上都是在本仪表内起作用（主要是显示功能），一般不能传送给别的仪表或系统，各测控点为封闭状态，无法与外界沟通信息，操作人员只能通过对生产现场的巡检来了解生产过程的运行状况。此阶段的控制系统比较简单，是工业控制系统的初级控制系统。

（2）模拟仪表控制系统

随着测量技术、电子技术的发展和工业生产规模的不断扩大，操作人员需要了解和掌握更多的现场参数与信息，制定满足要求的操作控制系统。于是，在 20 世纪 60 年代至 20 世纪 70 年代后期，先后出现了以电子管、晶体管、集成电路为核心的气动和电动单元组合式仪表两大系列。它们分别以压缩空气和直流电源作为动力，用于对防爆要求较高的化工生产和其他行业，防爆等级为本质安全型，并以气压信号 0.02～0.1 MPa，直流电流信号 0～10 mA，4～20 mA，直流电压信号 0～5 V，1～5 V 等作为仪表的标准信号，在仪表内部实行电压并联传输，外部实行电流串联传输，以减小传输过程的干扰。

电动单元仪表通常以双绞线为传输介质，信号被送到集中控制室（通常称为仪表室或机房）后，操作人员可以坐在控制室内观察生产流程中各处的生产参数并了解整个生产过程。由于单元组合仪表具有统一的输入输出信号标准，在此阶段自动化系统可以根据生产需要，由各种功能单元进行组合，完成各种相对复杂的控制。

（3）集中式数字控制系统

20 世纪 80 年代初，计算机、微处理器和并行处理技术的发展，使得领先一对一物理连接的模拟信号系统在速度和数量上越来越无法满足大型、复杂系统的需求，模拟信号的抗干扰能力也相对较差，人们开始使用数字信号代替模拟信号，并研制出直接数字控制系统，用数字计算机代替控制室内的仪表来完成控制系统功能。由于数字计算机价格昂贵，人们总是用一台计算机取代控制室的所有仪表，于是出现了集中式数字控制系统。这样，解决了信号传输及抗干扰问题。

由于当时数字计算机的可靠性还不够高，一旦计算机出现某种故障，就会造成系统崩溃、所有控制回路瘫痪、生产停产的严重局面。由于工业生产很难接受这种危险高度集中的系统结构，使得集中控制系统的应用受到一定的限制。

（4）集散控制系统（DCS）

随着计算机可靠性的提高和价格的下降，自控领域又出现了新型控制方案——集散控制系统，它由数字调节器、可编程控制（PLC）以及多台计算机构成，当一台计算机出故障时，其他计算机立即接替该计算机的工作，使系统继续正常运行。在集散系统中系统的风险被分散到多台计算机承担，避免了集中控制系统的高风险，提高了系统的可靠性。因此，它被工业生产过程广泛接受，这就是今天正在被许多企业采用的 DCS 系统。在 DCS 系统中，测量仪表、变送器一般为模拟仪表，控制器多为数字式，因而它又是一种模拟数字混合系统。

这种系统与模拟式仪表控制系统、集中式数字控制系统相比较，在功能、性能、可靠性上都有了很大的进步，可以实现现场装置级、车间级的优化控制。但是，在 DCS 系统形成的过程中，由于受早期计算机发展的影响，各厂家的产品自成封闭体系，即使同一种协议下仍然存在不同厂家的设备有不同的信号传输方式且不能互连的现象，因此实现互换与互操作有一定的局限性。

（5）现场总线控制系统（FCS）

现场总线控制系统突破了 DCS 通信由专用网络的封闭系统来实现所造成的缺陷，把基于封闭、专用的解决方案变成了基于公开化、标准化的解决方案，即可以将来自不同厂商而遵守同一协议规范的自动化设备通过现场总线控制系统把 DCS 集中与分散结合的集散系统结构变成了新型全分布式系统结构，把控制功能彻底下放到现场。

现场总线之所以具有较高的测控性能，一是得益于仪表的智能化，二是得益于设备的通信化。

把微处理器置入现场自控设备，使设备具有数字计算和数字通信能力，一方面提高了信号的测量、控制和传输精度，另一方面丰富了测控信息的内容，为实现其远程传送创造了条件。在现场总线的环境下，借助设备的计算、通信能力，在现场就可进行许多复杂计算，形成真正分散在现场的完整的控制系统，提高了控制系统运行的可靠性。

此外还可借助现场总线网段与其他网段进行联网，实现异地远程自动控制，如操作在几百公里之外的电气开关、进行参数的设定等。系统还可提供如阀门开关动作次数、故障诊断信息等，便于操作管理人员更好、更深入地了解生产现场和自控设备的运行状态，这在传统仪表控制系统中是无法实现的。

## 2.3 过程检测仪表基础

生产过程自动化是指在没有人直接参与的情况下，利用外加的设备或装置，使被控对象的工作状态或参数（压力、物位、流量、温度、pH 等）自动的按照预定的规律运行。

检测是指利用各种物理和化学效应，将物质世界的有关信息通过测量的方法赋予定性或定量结果的过程。检测可以是确定量值，也可以是判定被测参数的“有”或“无”，也可以是一种预报、故障分析。

在生产过程中，完成工艺参数检测处理的仪表称为过程检测仪表。工业过程检测涉及的内容广泛，一般分为：热工量（温度、压力、流量、物位等），机械量（质量、尺寸、力、速度、加速度等），物位和成分量（介质的成分浓度、密度、黏度、湿度等），电工量（电压、电流、功率、电阻等）。

有的过程检测仪表本身就带有检测元件并有模拟指示或数字指示功能，安装在现场，称为测量显示仪表，这种仪表往往还带有信号远传功能（模拟信号或数字信号）。有的仪表只有显示、记录或报警的功能，安装在现场的控制柜上或远距离的控制室中，它接收测量变送器的信号，起到人机界面的作用，当这种仪表和某一参数的变送器配套使用时，还往往带有标尺转换、线性校正和测量补偿等功能。从更广泛的意义上，变送器、记录仪、调节器、手操器、运算器、执行机构和控制阀等都可称为自动化仪表。

### 2.3.1　测量及误差

（1）测量

通过实验获得并可合理赋予某量一个或多个量值的过程。（《JJF 1001-2011 通用计量术语及定义》）

（2）测量误差

测得的量值减去参考量值。

当有必要与相对误差相区别时，有时也称此为绝对误差。

相对误差用百分数表示，但是百分数表示的误差不一定都是相对误差，也可能是绝对误差，如表示盐水浓度测量误差。

（3）引用误差

测量仪器或测量系统的误差除以仪器的特定值。

### 2.3.2　仪表的组成

仪表即为测量或指示被测量值的装置，一般由检测传感部分、中间传送部分及显示部分组成，如图 2-1。

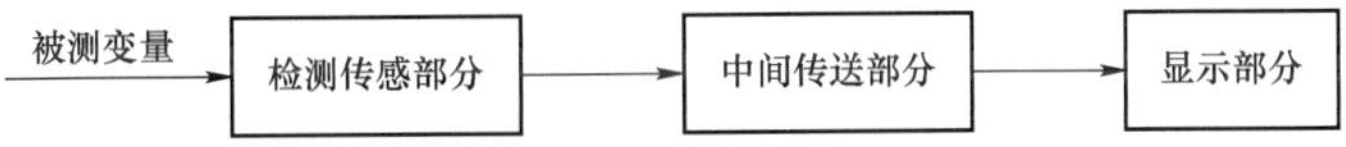


图 2-1　检测仪表的组成

（1）检测传感部分

- 敏感元件

敏感元件是能够灵敏地感受被测变量并作响应的元件。如，弹性膜盒。一般敏感元件输入/输出关系应是稳定的单值函数关系。

- 传感器

传感器是从被检测参量中提出有用信息（通常是电量）的器件。其结构由敏感元件本身（有时包括一次或二次转换元件）或者和部分的测量电路构成。

（2）中间传送部分

中间传送部分（也叫信号处理器）是把检测部分的输出的信号进行放大、转换、滤波、线性化处理，以推动后级显示器的工作。

转换器是信号处理器的一种。传感器的输出通过转换器把非标准信号转换成标准信号，使之与带有标准信号的输入电路或接口的仪表配套，实现检测或调节功能。所谓标准信号，就是物理量的形式和数值范围都符合国际标准的信号，如直流标准信号 4～20 mA、0～20 mA，1～5 V、0～10 V。

变送器是传感器与转换器的另一种称呼。凡能直接感受非电的被测量并将其转换成标准信号输出的传感转换装置就叫变送器，即变送器为输出标准信号的传感器。如差压变送器。

（3）显示部分

将测量结果用指针、记录笔、数字值、文字符号（或图象）的形式显示出来。

在生产过程中，有的仪表把三部分组装在一起，如弹簧管压力表。有的则把三部分制作成各自独立的仪表，如热电偶温度计。这种情况下，人们习惯把感受元件部分叫“一次仪表”，把显示部分叫“二次仪表”。

### 2.3.3 仪表的性能指标

（1）量程

仪表能接受的输入信号范围。用测量的上限值与下限值的差值的绝对值来表示。

例如：某温度仪表测温范围是−100～200 ℃，则其测量上限值是 200 ℃，测量下限值是−100 ℃，量程是 300 ℃。

量程的选择是仪表使用中的重要问题之一。一般规定：正常测量值在满刻度的 50%～70%；若为方根刻度，正常测量值在满刻度的 70%～85%。

（2）精度

反映的是仪表在全量程范围内测量时可能产生的最大误差，即测量结果的可信程度。仪表精度是用基本误差来表示的。

在规定的工作条件下，仪表基本误差的允许界限称允许误差。允许误差去掉“%”后的值就是国家规定的仪表的精度等级。

为了方便仪表的生产及使用，我国规定的常用仪表的精度等级大致有：0.01，0.02，0.05，0.1，0.2，0.5，1.0，1.5，2.5，4.0。

在工业应用时，仪表精度的要求，应根据生产操作的实际情况和该参数对整个工艺过程的影响程度所要求的误差允许范围来确定，这样才能保证生产的经济性和合理性。

（3）灵敏度

仪表的灵敏度，用仪表输出的变化量$\Delta\alpha$与引起此变化的被测参数的变化量$\Delta X$之比来表示，即

$$\text{灵敏度} = \frac{\Delta\alpha}{\Delta X}$$

（4）反应时间

当用仪表进行测量时，可以看到这样一种现象：仪表指示的被测值总要经过一段时间后，才能准确地指示出来，这是因为仪表本身存在一个“反应时间”的缘故。

分两种情况，一种是当参数在 $t_0$ 时刻突然变化后，仪表不能立刻指示出被测参数，而是慢慢增加，经过一段时间后，才指示出参数的准确值。如用玻璃温度计测量体温。

另一种情况是，当参数在 $t_0$ 时刻突然变化后，仪表指示迅速改变，但需要经过几次摆动后，才指示出参数的准确值。如用电流表测量电流。

（5）线性度

线性度是指仪表分度的均匀程度，即仪表特性曲线逼近直线的程度。

### 2.3.4　检测仪表选型的一般原则

检测仪表（元件）选型的一般原则如下。

（1）工艺过程的条件

工艺测量介质的物理化学等特性——气体或液体，工艺过程的温度、压力、流量、粘度、腐蚀性、放射性、脉动等因素是决定仪表选型的主要条件，它关系到仪表选用的合理性、仪表的使用寿命及车间的防火、防爆、安全等问题。

（2）操作上的重要性

各检测点的参数在操作上的重要性是仪表的指示、记录、积算、报警、控制、遥控等功能选定依据。一般来说，对工艺过程影响不大，但需经常监视的变量，可选指示型；对需要经常了解变化趋势的重要变量，应选记录式；而一些对工艺过程影响较大的，又需随时监控的变量，应设控制；对关系到物料衡算和动力消耗而要求计量或经济核算的变量，宜设积算；一些可能影响生产或安全的变量，宜设报警。

（3）经济性和统一性

仪表的选型也决定于投资的规模，应在满足工艺和自控的要求前提下，进行必要的经济核算，取得适宜的性能/价格比。

为便于仪表的维修和管理，在选型时也要注意到仪表的统一性。尽量选用同一系列、同一规格型号及同一生产厂家的产品。

（4）仪表的使用和供应情况

选用的仪表应是较为成熟的产品，经现场使用证明性能可靠的；同时要注意到选用的仪表应当是货源供应充沛，不会影响工程的施工进度。

## 2.4　执行器的分类及特性

执行器是过程控制系统的重要的组成部分，人们常把执行器比喻为生产过程自动化的“手脚”，执行器根据工作能源不同可分为三大类：气动执行器、电动执行器和液动执行器。

在离心法铀浓缩工艺系统中普遍采用的是气动执行器、电动执行器。近几年，通过对专用工艺设备的技术攻关，由于气动执行器工作时须配备专门的压缩空气系统，在新的工艺系统设计中已经趋于仅采用电动执行器，这样既简化了工艺系统流程，又会降低运行工厂的运行成本及能耗。

电动执行器是以电为动力，其主要特点是：

- 工作能源取用方便，不需增添专门设备；
- 信号传送速度快，传送距离远，便于集中控制；
- 停电时电动执行器保持原位不动，不影响主设备的安全；
- 灵敏度和精度均较高；
- 与电动调节仪表（控制器）配合方便，安装接线简单。

## 2.5 工业控制系统的种类

工业控制系统（ICS）是一个通用术语，涵盖多种类型的控制系统，包括监控和数据采集（SCADA）系统，分布式控制系统（DCS），现场总线控制系统（FCS），和其他较小的控制系统配置，如经常在工业部门和关键基础设施中用到的防滑安装的可编程逻辑控制器（PLC）。ICS 通常使用于电力，水利，石油和天然气，化学，运输，制药，纸浆，食品和饮料以及离散制造（例如，汽车，航空和耐用品）和造纸等行业。

（1）监控与数据采集（SCADA）系统

监控与数据采集（SCADA）系统通常用于生产调度型的工业现场，主要应用领域包括电网调度、轨道交通、油气管线供应等，也可用于企业总厂及分厂间的调度。

SCADA 系统的主要结构包括中心站、通信网络以及远程控制单元，且至少存在一个调度中心，通过广域骨干网把中心和各个厂站的 DCS、RTU 等控制和采集系统连接起来。SCADA 系统建立在一个慢速的或窄宽带的、不可靠的通信介质上，其网络不可靠，但其系统数据规模大，监视范围广泛。

与 DCS 系统相比，二者监视对象的角度不同，DCS 主要关注过程趋势，而 SCADA 系统更关注过程事件，以状态变化（包括状态点和模拟量点导致的报警）作为系统处理的基础。二者展现监控对象的角度也不相同，SCADA 更偏重以实际物理设备为单位，而 DCS 更关注 I/O 点等。

在离心法铀浓缩生产系统中，监控与数据采集（SCADA）系统通常用于高压变电站及低压供配电室的设备信息及开关闭合信息的状态监测。

（2）集散型控制系统（DCS）

在计算机控制系统初期，一般采用集中式控制系统，将所有功能集中于一台计算机，导致软件系统庞大、运行效率、可靠性低，计算机一旦失效或发生故障，对整个系统造成的危害性很大。为了解决这个问题，出现了“控制分散、管理集中”的 DCS。DCS 即所谓的分布式控制系统，又称集散控制系统，与传统的集中式计算机控制系统相比，集散型控制系统的危险被分散，可靠性大大增加。目前，集散控制系统作为新一代的工业自动化过程设备，在世界范围已被广泛应用于各行各业。

在离心法铀浓缩生产系统中，DCS 系统是各主、辅工艺过程检测及控制系统的核心系统。

（3）可编程序控制器（PLC）系统

可编程控制器（Programmable Logic Controller，PLC）系统是一种专门为在工业环境下应用而设计的数字运算操作电子系统。它采用一种可编程的存储器，在其内部存储执行逻辑运算、顺序控制、定时、计数和算术运算等操作的指令，通过数字式或模拟式的输入输出来控制各种类型的机械设备或生产过程。

可编程控制器是计算机技术与自动化控制技术相结合而开发的一种适用工业环境的新型通用自动控制装置，是作为传统继电器的替换产品而出现的。随着微电子技术和计算机技术的迅猛发展，可编程控制器更多地具有了计算机的功能，不仅能实现逻辑控制，还具有了数据处理、通信、网络等功能。由于它可通过软件来改变控制过程，而且具有体积小、组装维护方便、编程简单、可靠性高、抗干扰能力强等特点，已广泛应用于工业控制的各个领域，大大推进了机电一体化的进程。

在离心法铀浓缩生产系统中，PLC 被广泛应用于中大型机电一体化专用设备中。

（4）现场总线系统（FCS）

所谓现场总线，是指将现场设备（如数字传感器、变送器、执行器等）与工业控制单元、现场操作站等互联而成的计算机网络，具有数字化、分散、双向传输等特点，是工业控制网络向现场级发展的产物。

现场总线的特点：实现了控制技术、计算机技术与通信技术的集成，摒弃了 DCS 中的 I/O 控制站，将这一级功能分配给通信网络完成；具有分散的功能模块，便于系统维护、管理与扩展，提高可靠性；采用开放式互联结构，既可与同层网络相连，也可通过网络互联设备与控制级网络或管理信息级网络相连；互操作性强，在遵守同一通信协议的前提下，可将不同厂家的现场设备产品统一组态。

现场总线控制系统（FCS）由 DCS 及 PLC 发展而来，保留了 DCS 的特点，吸收了 DCS 多年研发及现场实践经验。FCS 增强了现场级信息集成能力，降低了系统及工程成本，系统可靠性高、可维护性好，是目前自动化技术的一个热点。

常见的具有代表性的现场总线包括基金会现场总线 FF（Foundation Fieldbus）、PROFIBUS、LONWORKS、MODBUS、CAN、工业 Ethernet 等。

在离心法铀浓缩生产系统中，现场总线系统（FCS）被局部应用于各工艺过程检测和控制系统中，主要应用场景为系统间的异构，以及实现现场工艺设备与工艺过程检测和控制系统的信息交互，实现设备与系统的互联互通。

# 第3章

# 过程检测仪表

工艺生产线离不开各种仪表，仪表在离心法铀浓缩主辅工艺系统生产过程中，起着对工艺参数进行检测、显示、记录或控制的重要作用。工艺生产过程的检测是了解和控制工业生产的基本手段，只有在任何时刻都能准确地了解工艺过程的全貌，并进行控制，才能保证生产过程顺利，并以高的生产率、小的消耗生产出合格的产品。

在离心法铀浓缩生产线主、辅工艺系统中，普遍使用的仪表有：压力仪表（包括普通压力表、电接点压力表、压力变送器、数字压力计等）、真空仪表（包括电容薄膜真空计、热传导真空计等）、温度仪表（包括铂电阻、铜电阻、玻璃管温度计等）、天平衡器（包括电子天平、电子秤等）、电工仪表（包括电能表、电压表、电流表等）以及专用仪表等。

## 3.1 工业热电阻

热电阻是中、低温区最常用的一种温度检测传感器。它的主要特点是测量精度高，性能稳定。其中铂热电阻的测量精确度是最高的，它不仅广泛应用于工业测量，而且被制成标准的温度基准仪。

在离心法铀浓缩生产线主辅工艺系统中，供取料工艺系统、辅助工艺系统介质温度的测量以及冷风箱、保温箱等工艺设备中，普遍使用了铂热电阻。

### 3.1.1 热电阻测温原理及材料

热电阻测温是基于金属导体的电阻值随温度的增加而增加这一特性来进行的。热电阻大都由纯金属材料制成，应用最多的是铂和铜。

### 3.1.2 热电阻的类型

（1）普通热电阻

热电阻体的引出线等各种导线电阻的变化会给温度测量带来影响。

（2）铠装热电阻

铠装热电阻是有感温元件（电阻体）、引线、绝缘材料、不锈钢套管组合而成的坚固实体，它的外径一般为 $\phi$2～ $\phi$8 mm，最小可达 $\phi$1 mm。与普通型热电阻相比，它有下列优点：体积小，内部无空气隙，热惯性小，测量滞后小；力学性能好、耐振，抗冲击；能弯曲，便于安装；使用寿命长。

（3）端面热电阻

端面热电阻感温元件由特殊处理的电阻丝绕制，紧贴在温度计端面。它与一般轴向热电阻相比，能更正确和快速地反映被测端面的实际温度，适用于测量轴瓦和其他机件的端面温度。

（4）隔爆型热电阻

隔爆型热电阻通过特殊结构的接线盒，把其外壳内部爆炸性混合气体因受到火花或电弧等影响而发生的爆炸局限在接线盒内，生产现场不会引起爆炸。

### 3.1.3　铂电阻、铜电阻

铂易于提纯，物理、化学性质稳定，电阻率较大，能耐较高的温度；因此用铂电阻作为复现温标的基准器。测温范围有 0～650 ℃，－200～0 ℃等。铂电阻用 0.03～0.07 mm 的铂丝绕在云母片制成的片形支架上，绕组的两面用云母片夹住绝缘，外加保护套管，如图 3-1 所示。

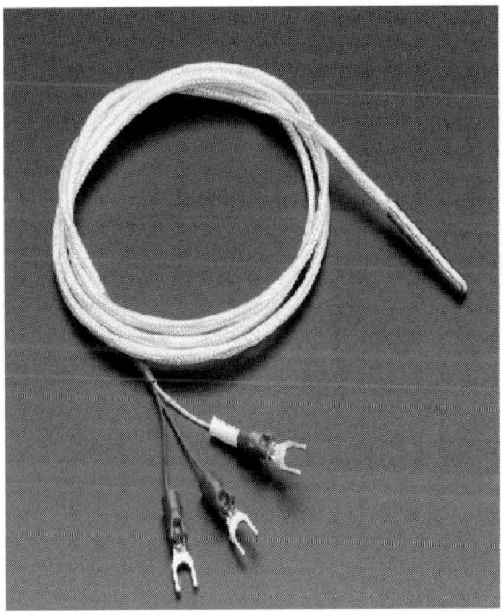

图 3-1　铂电阻 Pt100（左为探头式，右为铠装式）

铂是贵重金属，因此在一些测量精度要求不高、测温范围较小–50～150 ℃的情况下，普遍采用铜电阻。铜电阻具有较大的电阻温度系数，材料容易提纯，铜电阻的阻值与温度之间接近线性关系、铜的价格比较便宜，所以铜电阻在工业上广泛应用。铜电阻的缺点是电阻率较小，稳定性也较差，容易氧化。铜电阻用直径 0.1 mm 的绝缘铜丝绕在圆形骨架上，外加保护套管。

### 3.1.4　热电阻的应用

（1）热电阻温度计

通常用于测温采用铂电阻和铜电阻作为敏感元件，测量电路用得较多的是电桥电路。

（2）热电阻式流量计

采用铂电阻组成电桥电路，当介质处于静止状态时，电桥处于平衡状态。流量计没有指示。当介质流动时，温度变化引起热电阻阻值变化，电桥失去平衡，输出信号变化。

## 3.2　热电偶

在温度测量中，热电偶的应用极为广泛，它具有结构简单、制造方便、测量范围广、精度高、惯性小和输出信号便于远传等许多优点。另外，由于热电偶是一种有源传感器，测量时不需外加电源，使用十分方便，所以常被用作测量管道内的气体或液体的温度及固体的表面温度。

在离心法铀浓缩生产线主辅工艺系统中，热电偶大量应用于各类分析及测量设备中。

### 3.2.1　热电偶的工作原理及其基本结构

（1）热电偶的工作原理

当有两种不同的导体或半导体 A 和 B 组成一个回路，其两端相互连接时，只要两接点处的温度不同，一段温度为 $T$（称为工作端或热端），另一端温度为 $T_0$（称为自由端、参考端或冷端），回路中就会产生一个电动势，该电动势的方向和大小与导体的材料及两接点的温度有关。这种现象称为“热电效应”，两种导体组成的回路称为“热电偶”，这两种导体称为“热电极”，产生的电动势则称为“热电势”。

热电势由两部分构成：一部分是两种导体的接触电势，另一部分是单一导体的温差电势。实践证明，在热电偶回路中起主要作用的是接触电动势，温差电动势只占极小部分，可以忽略不计。

热电偶回路中热电势的大小，只与组成热电偶的导体材料和两接点的温度有关，而与热电偶的形状尺寸无关。当热电偶两电极材料固定后，热电势便是两接点温度 $t$ 和 $t_0$ 的函数差。如果使冷端温度 $t_0$ 保持不变，则热电势便成为热端温度 $t$ 的单一函数。这样，在实际应用中，热电偶产生的热电势只随热端（测量端）温度的变化而变化，即一定的热电势对应着一定的温度。只要用测量热电势的方法就可以达到测温的目的。

（2）热电偶的基本定律

● 均质导体定律

如果热电偶回路中的两个热电极材料相同，那么无论两接点的温度如何，热电势始终为零。

● 中间导体定律

在热电偶回路中接入第三种导体，只要第三种导体的两接点温度相同，则回路中总的热电势不变。

● 标准电极定律

如果两种导体分别于第三种导体组成的热电偶所产生的热电势已知，则由这两种导体组成的热电偶所产生的热电势也就已知。

- 中间温度定律

热电偶在两接点温度 $t$、$t_0$ 的热电势等于该热电偶在接点温度为 $t$、$t_n$ 和 $t_n$、$t_0$ 时的相应热电势的代数和。

（3）热电偶结构

普通工业装配式热电偶的结构由热电极、绝缘管、保护套管、接线盒组成。铠装热电偶的结构由导体、绝缘管、外套不锈钢保护管、接线盒、接线端子，以及各种安装固定装置组成。

### 3.2.2　常用热电偶及其测温线路

（1）热电偶材料

实际应用中，热电偶的热电极的材料应具备如下几方面的条件：温度测量范围广．性能温度、物理和化学性能好。

满足上述条件的热电偶材料并不很多。目前我国大量生产和使用、性能符合专业标准或国家标准，并具有统一分度表的热电偶材料称为定型热电偶材料，共有六个品种，分别是：铜-康铜、镍铬-考铜、镍铬-镍硅、镍铬-镍铝、铂铑 10-铂及铂铑 30-铂铑 6。

（2）热电偶种类

标准型热电偶：国际电工委员会在 1975 年向世界各国推荐七种标准型热电偶。我国生产的符合 IEC 标准的热电偶有六种，分别是：铂铑 30-铂铑 6 热电偶、铂铑 10-铂热电偶、镍铬-镍硅热电偶、镍铬-康铜热电偶、铁-康铜热电偶、铜-康铜热电偶。

非标准型热电偶：主要包括铂铑系、铱铑系及钨铼系热电偶。

（3）工业热电偶简介

装配式热电偶（见图 3-2），主要技术参数有：测量范围、基本误差限、热电偶时间常数、热电偶公称压力、热电偶最小插入深度、绝缘电阻等。

铠装热电偶（见图 3-2），铠装热电偶的工作原理是，两种不同成分的导体两端经焊接，形成回路，直接测量端叫工作端，接线端子端叫冷端，也叫参比端。当工作端和参比端存在温差时，就会在回路中产生热电流，接上显示仪表，仪表上就会指示出热电偶所产生的热电动势的对应温度值。

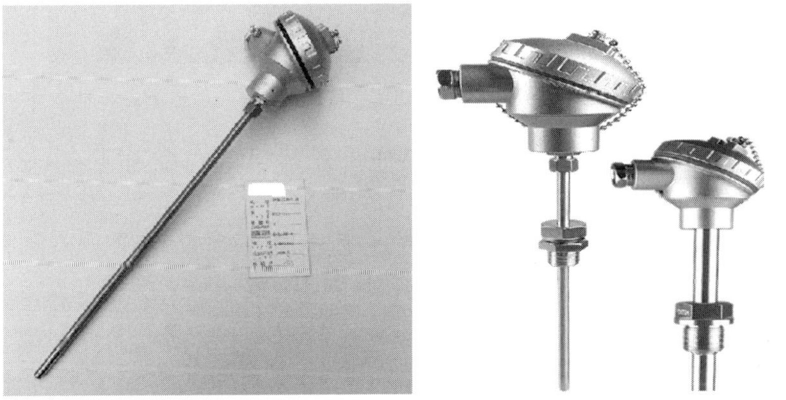

图 3-2　装配式热电偶（左）及铠装热电偶（右）

# 3.3　压力仪表

压力是工业生产过程中重要工艺参数之一。大部分工艺过程只有在一定的压力条件下进行，才能取得预期的效果，压力的监控也是安全生产的保证。压力的检测和控制是保证工业生产过程经济性和安全性的重要环节。压力测量仪表还广泛地应用于流量和液位测量方面。

在离心法铀浓缩工厂中，辅助工艺系统大量使用的压力表有普通弹簧管式压力表、电接点压力表；级联工艺系统中大量使用的差压类仪表有电阻微压计、压力继电器、光标微压计、数字微压计；绝压类仪表主要为电容式绝对压力计。

## 3.3.1　基本概念

压力概念：在工程上，“压力”定义为垂直均匀地作用于单位面积上的力，通常用 $P$ 表示，对应于物理学中的压强。

单位：国际标准单位为帕斯卡，简称为帕，符号为 Pa，加上词头又有千帕、兆帕等，我国规定帕斯卡为压力的法定单位。目前，工程技术中仍常用的单位还有工程大气压、物理大气压、巴、毫米水柱、毫米汞柱等。

在工程上，压力有几种不同的表示方法，并且有相应的测量仪表。压力表、真空度和大气压力间的关系见图 3-3。

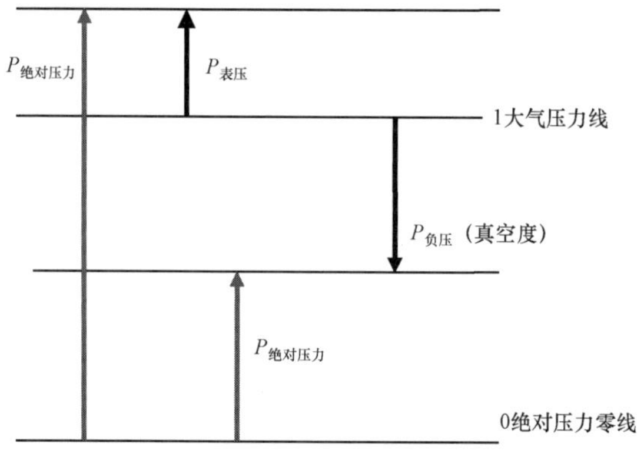


图 3-3　压力表、真空度和大气压力间的关系

（1）绝对压力

被测介质作用在容器表面积上的全部压力称为绝对压力。用来测量绝对压力的仪表，称为绝对压力表；

（2）大气压力

由地球表面空气柱重量形成的压力，称为大气压力。它随地理纬度、海拔高度及气象条件而变化，其值用气压计测定；

（3）表压力

通常压力测量仪表是处于大气之中，则其测得的压力值等于绝对压力和大气压力之差，称为表压力（正压力）。一般地说，常用的压力测量仪表测得的压力值均是表压力；

（4）真空度

当绝对压力小于大气压力时，表压力为负值（负压力），其绝对值称为真空度，用来测量真空度的仪表称为真空表；

（5）差压

设备中两处的压力之差简称为差压。生产过程中有时直接以差压作为工艺参数，差压测量还可作为流量和物位测量的间接手段。

测量压力的仪表称为压力计（表），压力表的原理是将压力变化转变为某种电信号的变化，如应变式，通过弹性形变而导致电阻变化的原理；压电式，利用了压电效应的原理；电容式，利用压力变化引起电容变化；电感式，利用压力变化引起电路感抗变化，进而产生电信号的变化的原理。

### 3.3.2　弹性式压力表

是根据弹性元件在被测压力作用下产生变形，带动其他组件和指针，在压力计量单位刻度的表盘或标尺上指示瞬间介质压力。如图 3-4，主要有：

弹簧管压力表：是使被测介质的压力，变为弹簧管自由端角位移的压力测量仪表，其压力敏感元件为扁圆或椭圆截面的弹簧管。

电接点压力表：由普通压力表和接触装置两个独立部分组成。

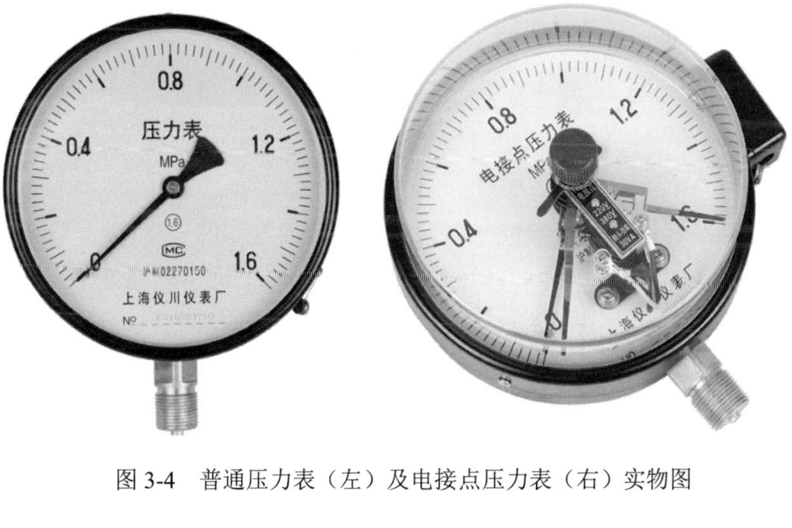


图 3-4　普通压力表（左）及电接点压力表（右）实物图

### 3.3.3　电容式绝对压力计

在离心法铀浓缩工厂中，电容式绝对压力计主要用于检测级联工艺管线内工艺介质的绝对压力。主要有 1 151 A、CPCA、CECA 及部分进口型号等，如图 3-5，其作用原理大致相同，主要使用的压力计量范围有：10 Torr、100 Torr、20 kPa、1 000 mbar、1 000 Torr、5 000 mbar 等。

电容式绝对压力计的原理是利用金属膜片在差压作用下产生变形而转化成电量变化。它由薄膜规管和测量电路组成。它是以绝对真空为基准测定压力数值的仪表。压力不变时，传感器敏感元件与固定电极间的距离不变，电容量不变。当压力变化时，传感器敏感元件产生形变，在固定电极上产生电容，电量变化，因此通过压力的变化，使传感器的敏感元件膜片（蒙耐尔合金或者因康涅合金）产生形变，导致固定电极上电容量的变化，（实现了非电量的电测技术），电容电量信号经过电路转换单元转化，形成直流电压信号输出，在经过二次仪表的数字化（A/D、D/A）处理，显示出压力测量值。

电容式绝对压力计的特点是测量准确度高、线性好，能测量气体和蒸汽的全压力，测量结果与气体的成分和种类无关。但是，使用电容式压力变换器时，最大的环境干扰是振动和环境温度变化。

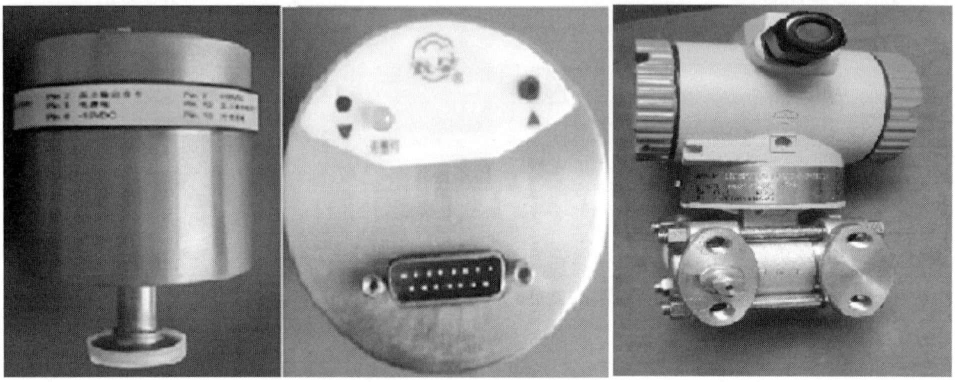

CPCA 型电容式绝对压力计　　CECA 电容式绝对压力

图 3-5　电容式绝对压力计实物图

### 3.3.4　电感式数字微压计

电感式数字微压计用于测量级联工艺系统管道中的气体的压差，并且将测量结果以数字形式显示在显示盘上（就地显示），还可以将被测量压力的信息通过数据接口远传于上位控制系统（在控制室观测、控制），实物如图 3-6 所示。

图 3-6　电感式数字微压计实物图

原理：接在交流电路中绕有线圈的铁芯与衔铁之间间隙的变化，或是可动铁芯在绕有线圈的螺旋管中位置的变化，都会使线圈中的阻抗产生相应变化。基于这一原理制成的传感器，称为电感式传感器。

电感式传感器是由可变磁阻的磁路（铁芯和衔铁）和线圈组成。当非电量作用于传感器的磁路系统时，电路的电感发生变化，也就是电路的感抗发生变化，从而使电路的电流发生变化，由此可测出非电量参数的大小。电感传感器的基本测量电路是将电感的变化变换成电压或电流信号，以便送入放大器进行放大，再记录指示，其测量电路通常都采用桥式电路。

电感式传感器的优点是可以得到较大的输出功率（1～5 VA），这样也可以不经放大而直接指示或记录，此外结构简单，工作可靠，可以在工业频率下稳定工作。缺点是输出量与电源频率有密切关系，要求电源频率稳定。

## 3.4　专用仪表

在离心法铀浓缩级联工艺系统中，除了需要对压力、温度等常规工艺过程参数进行监测外，还需对“轻杂质（含量）”“物料流向”等工艺过程参数进行监测，一般将完成这类检测任务的仪表为“专用仪表”。主要包括：轻杂质事故保护传感、绝对轻杂质测量传感器、相对轻杂质测量传感器及流向事故保护传感器等。

### 3.4.1　轻杂质事故保护传感

在离心法铀浓缩工艺系统中，当出现如空气等分子量小的气体（统称为轻杂质）进入主机时，会导致主机损坏。轻杂质事故保护传感器用于在管道中出现轻杂质时产生直流脉冲电压报警信号，该信号可触发自动控制系统的执行机构动作，实现保护主机的作用。实物如图 3-7 所示。

图 3-7　轻杂质事故保护传感器实物图

工作原理为：利用热导分析法，把轻杂质体积含量的变化值转化为电信号。

电气线路是一个直流电桥电路，电桥支壁上分别接有 4 个螺旋形热敏元件，热敏元件具有相同的伏安特性和传热能力，它们都位于被分析介质中，这使不稳定因素（被分析气体的压力变化和温度变化、供电电压波动）的影响减到最低。

传感器的工作位置是垂直的。使用前需要预热。传感器标准工作使用条件：空气温度 18±2 ℃；空气相对湿度小于 80%；大气压力 710～780 mmHg；

周围空气中应不含有灰尘、蒸汽、酸、碱、腐蚀气体和引起传感器零件腐蚀或绝缘破坏的其他物质。在安装地点无引起指示失真的机械震动和被分析介质的压力波动。

### 3.4.2 绝对轻杂质测量传感器

绝对轻杂质测量传感器用于产生与工作气体中的空气含量成正比的直流电压信号。实物如图 3-8 所示。

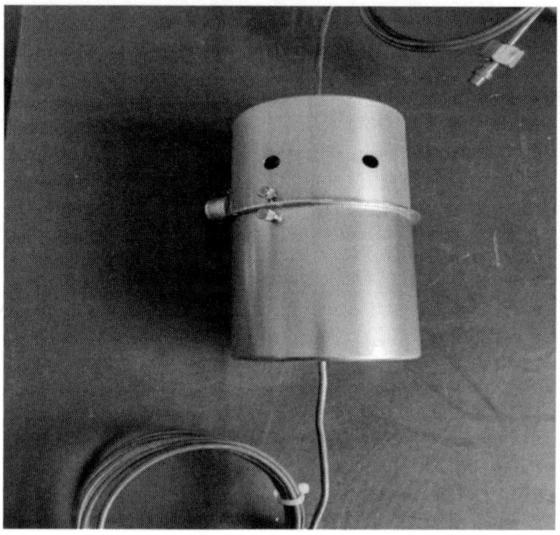

图 3-8 绝对轻杂质测量传感器实物图

工作原理是：传感器是对被分析气体导热性能改变产生反应的热敏型仪表。它由工作腔和补偿腔组成。补偿腔与大气相通，工作腔的上铜管接调节器的入口处，工作腔的下铜管接调节器的出口处。在被分析气体混合物中出现空气（或氮气）杂质时会引起混合物散热性能的变化，导致加热敏感元件的散热条件和温度乃至电阻发生变化，造成传感器电桥线路的不平衡，输出电压改变，其数值与混合物中空气（或氮气）杂质的含量成比例。该传感器一旦安装、调整，则不能拆下再安装到别处。

### 3.4.3 相对轻杂质测量传感器

相对轻杂质测量传感器用于把工艺气体气体介质中的空气含量转换成成比例的电信号。它由传感器和数显表及连接电缆组成。实物如图 3-9 所示。

工作原理：对被分析气体导热性能改变产生反应的热敏型仪表。清除了空气杂质的工艺气体介质供到补偿腔，而供到工作腔中的是经气体主机分离浓缩的有可能含有空气杂质的工艺气体介质。当工艺气体介质中含有空气杂质时，其热导性会发生变化。当这样的工艺气体介质进入工作腔时，会引起安装在工作腔中的敏感元件的阻值的变化，导致处于平衡状态的气体分析器的电桥电路失去平衡，桥路输出电压发生变化，这种电压变化与介质中空气杂质的含量成正比。

图 3-9　相对轻杂质测量传感器实物图

### 3.4.4　流向事故保护传感器

流向事故保护传感器安装在工艺管道上，当管道中工艺气体的流向改变时发出事故保护信号。该信号为直流电压形式，在级联工艺系统的工艺机组中，它会引起区段的相关阀门关闭，防止工艺气体倒流进入正在卸料或抽空的机组中，以保护离心机不被损坏。实物如图 3-10 所示。

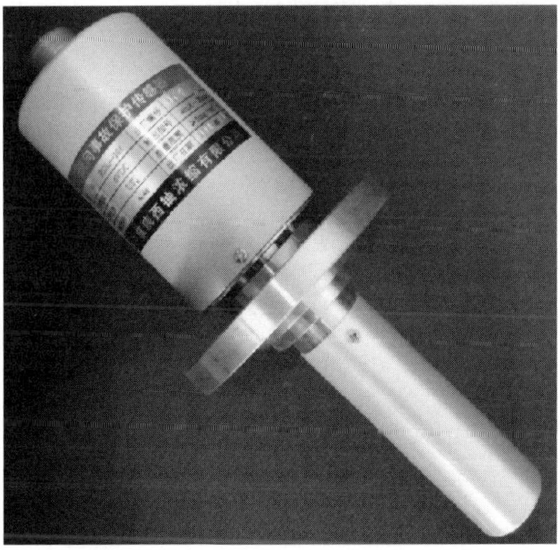

图 3-10　流向事故保护传感器实物图

连续运行条件：周围空气温度：10～35 ℃，空气相对湿度≤80%，大气压强 630～800 mmHg，传感器垂直朝上安装，垂直偏差不大于 5°。

工作原理：当工艺管道中出现禁止（事故）方向的气流时，位于加热器两侧的两个敏感平衡的热场的平衡性被破坏，引起处于热场中的敏感元件的温度变化，从而使敏感元件的电阻值改变，电桥的平衡性被破坏，产生输出电压。

安装前必须注意事项如下：检查安装点的清洁度与橡胶垫圈的质量；去掉传感器的运输外壳；外观上检测以确保细镍丝完好，灵敏元件框架清洁；套有保护外壳时，将欧姆表接到多脚插头输出端以检测传感器是否有断裂与短路。

一般，传感器插头向上且垂直安装，特殊情况下，传感器可以插头朝下安装。传感器保护罩上的箭头应该与引起二次仪表动作的故障流方向一致。完全没有介质流时，传感器安装完，在起作用数值的额定范围内进行二次仪表调零。

## 3.5　电子衡器

由传力机构将受到的压力通过传感器把压力转换成电信号，再由显示仪将电信号转换成数字信号，由显示屏显示出来，这个过程就是称重过程。包括称体部分，整个系统就是电子衡器。

在离心法铀浓缩生产线主辅工艺系统中，电子衡器主要应用于供取料工艺系统的物料称重。

### 3.5.1　电子衡器组成

电子衡器由称重传力复位系统、称重传感器、称重显示仪表三部分组成。

（1）承重、传力复位系统

它是被测物体与转换元件之间的机械传力复位系统，又称为电子衡器的秤体。包括接受被测物体载荷的承载装置（秤台或容器等），传力连接部件和限位减振机构等。它的作用是将被测物体的质量完整地传递给称重传感器的机械系统。

（2）称重传感器

称重传感器是将非电量（重量）转换成电量的元件。它是把承重装置传递的物体重量转换为电量输出的元件。其输出的电量与重量之间一般呈线性关系。因此是一种重量信息的转换器。它们借助于转换元件，接受重量信息，并按一定规律将它转换成便于测量的物理量（通常是电量）。转换元件是称重传感器最基本的组成部分。称量传感器是电子衡器的核心部件。电子衡器的称量传感器输出一旦有问题，电路部分如何再作补偿或调整都是无济于事的。目前，在工业称量系统中，绝大部分都是采用了电阻应变式称量传感器。它具有结构简单，体积小；线性度和重复性好；输出灵敏度高；频响特性好，能用于动态测量等优点。

（3）称重显示仪表

处理称重传感器输出信号的电子线路（包括放大器、模数转换、电流源或电压源、补偿元件和保护线路等）和指示记录部件（如显示、打印和数据传输等），通常称为测量仪表或二次仪表。在数字式的测量电路中，包括前置放大、滤波、运算、计数、控制、显示等环节。

### 3.5.2　电子衡器的分类

常见的电子衡器种类有：地上衡、轨道衡、电子吊秤等。

从使用传感器的工作原理上又可分为电阻应变式、压磁式、压电式、电容式和振弦式等；电阻应变式最为常用。从使用环境上分为常温型、高温型、低温型、防磁绝缘型和防爆型。

从传感器的机械结构又可分为桥式传感器、悬臂梁式传感器、轮辐式传感器、柱式传感器、S 型传感器、剪切梁式传感器等。

### 3.5.3　电子衡器工作原理

电子衡器工作原理：将被称物放在承重台上，随之传感器产生形变，输出一个变化的模拟信号。该信号经过运算放大及 A/D 转换，产生数字信号，送至中央处理器进行运算控制，再由中央处理器根据键盘指令及程序状态，将最终数据传送到显示器显示出来。

以电阻应变式传感器为例，它是由弹性敏感元件、电阻应变计、补偿电阻和外壳组成（见图 3-11），电阻应变式传感器的工作原理是：弹性体（弹性元件，敏感梁）在外力作用下产生弹性变形，使粘贴在他表面的电阻应变片（转换元件）也随同产生变形，电阻应变片变形后，它的阻值将发生变化（增大或减小），再经惠斯登电桥测量电路把这一电阻变化转换为电信号（电压或电流），从而完成了将外力变换为电信号的过程。

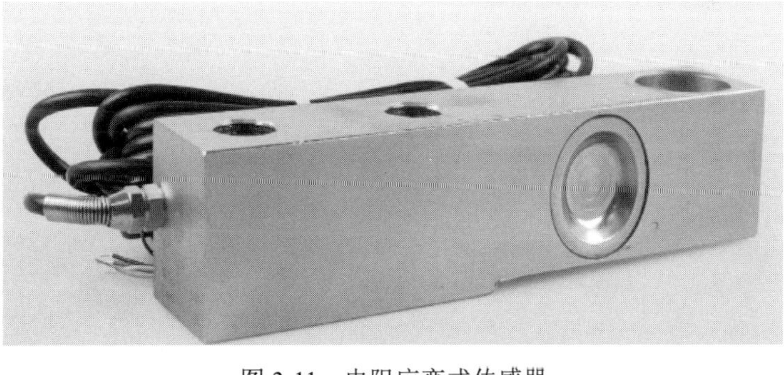

图 3-11　电阻应变式传感器

衡器系统中采用多个传感器时，称重传感器的组合使用方式通常有：串联工作方式、并联工作方式和串并联混合工作方式三种。目前称重仪表的灵敏度和分辨率都足够高，仪表本身都具有一路激励电源；同一型号的传感器本身的各项性能指标达到很高要求，各个传感器的各项参数高度一致，因此目前多个传感器组成的衡器系统大都采用全并联工作方式。

传感器信号线汇集到接线盒时一般都会长一段，这段线应予以保留，不能剪掉。剪掉后会导致数据漂移、跳动，也会导致灵敏度偏大（如果信号线电阻足够大，则每剪掉 10 m，就会使满量程输出值增加 20～40 kg，会引起四角误差）。

传感器可以采用两种不同的输入、输出接线方法，一种是四线制接法，另一种是六线制接法。四线制接法的传感器对二次仪表无特殊要求，但存在以下两方面的问题：① 改变电缆长度时将产生称重结果的系统误差。② 容易受环境温度波动等因素带来的干扰影响，从而影响电子衡器的计量性能。

六线制接法即传感器传感器使用的电缆为六芯，增加的两根电缆芯作为供桥电压的反馈线与稳压供桥源的取样电路两端相连。由于取样电压很小，反馈线路的电压以及随温度变化的影响可以忽略不计。这样稳压源的取样电压直接取自供桥输入端，因而可以得到较高的稳定度，而且不受环境温度变化的影响。六线制接法的传感器要求与之配套使用的二次仪表具备反馈输入接口。

# 第 4 章

# 现场执行器及电动工艺设备

这里阐述的执行器是“狭义”的，特指自动控制系统中的执行机构和控制阀组合体。它在自动控制系统中的作用是接受来自控制器发出的信号，以其在工艺管路的位置和特性，调节工艺介质的通断或流量，从而将被控变量控制在生产过程所要求的范围内。

在离心法铀浓缩工厂中，除了“执行器”以外，还有相当数量的工艺设备，这些工艺设备中一部分属于“机电仪一体化”设备，自成测控节点，与控制系统约定了专用的测控接口进行互联；还有一部分电动工艺设备需配套专用的控制柜，在为工艺设备提供动力电源的同时，并提供了与控制系统进行互联的接口。

在离心法铀浓缩工艺系统中普遍采用的“执行器”及主要电动工艺设备有：电动阀、补压机、真空泵、电动调节阀、冷风箱等，“执行器”与这些电动工艺设备一起构成了工艺控制系统的执行层。本章节主要介绍这些“执行器”及主要电动工艺设备与控制器的接口信息及特性。

## 4.1 电动阀

电动阀门用于对工艺管道中的气流回路实现通断控制。电动阀门根据其应用场景的差异，使用了鱼雷阀、转筒阀等不同的结构方式。结构方式虽有差异，但是执行机构本身均具有就地手轮和驱动电机，操作人员可以通过就地手动旋转手轮或者电控两种方式控制电阀的开关状态。

### 4.1.1 电动阀的电气接口

电动阀门的执行机构由三相异步电动机驱动，通过电机的正反转，实现电阀的打开和关闭控制。电阀处于全开或者全关位置时，用于反馈阀门状态的机械运动部件会分别按下相应的“全开”或者“全关”终端开关。终端开关触点状态的变化将向控制设备返回当前的电阀位置状态信号。

电动阀门触点电路的内部接线如图 4-1 所示。

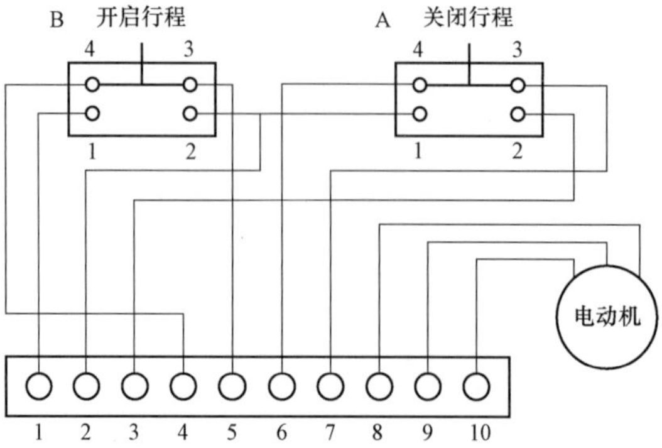


图 4-1 电动阀门触点电路的内部接线图

电动阀门接口信号如表 4-1 所示。

**表 4-1 电动阀门接口信号**

| 序号 | 信号内容 | 信号描述 | 接口特性 | 备注 |
| --- | --- | --- | --- | --- |
| 1 | 开返回 | 向 DCS 设备反馈的阀门全开位置状态 | 触点信号 | |
| 2 | 关返回 | 向 DCS 设备反馈的阀门全关位置状态 | 触点信号 | |
| 3 | 允许开 | 向阀门控制单元反馈的阀门指令执行条件 | 触点信号 | |
| 4 | 允许关 | 向阀门控制单元反馈的阀门指令执行条件 | 触点信号 | |
| 5 | 动力电源 | 三相 380/220 V 50 Hz | A 相 | |
| 6 | 动力电源 | 三相 380/220 V 50 Hz | B 相 | |
| 7 | 动力电源 | 三相 380/220 V 50 Hz | C 相 | |
| 8 | 保护地 | 三相保护地 | PE | |

## 4.1.2 电动阀的开关控制原理

在每一台电动阀与 DCS 现场控制站之间，配置专用的“电阀控制单元”，电阀控制单元在为电动阀提供动力电源的同时，并提供了与控制站进行互联的接口。

电动阀门的控制回路如 4-2 所示。

DCS 控制设备在对电动阀门进行“开阀”控制时，DO 板卡将控制“开阀”触点闭合，向阀门动力柜中的对应电阀控制单元给出持续的“开阀”控制指令。电阀控制单元输出“正相序”三相交流电，实现执行机构的转动。当电阀转动至全开位置后，全开复合终端开关中的常开触点闭合，向 DCS 设备返回“阀开”信号，清除 DCS 中开阀寄存器的输出；复合终端开关中的常闭触点断开，向阀门动力柜中的电阀控制单元返回“禁止开阀”信号，该信号在电阀控制单元中终止三相固态继电器的输出。

DCS 控制设备在对电动阀门进行“关阀”控制时，I/O 板卡将控制“关阀”触点闭合，向阀门动力柜中的对应电阀控制单元给出持续的“关阀”控制指令。电阀控制单元输出“反相序”三相交流电，实现执行机构的转动。当电阀转动至全关位置后，全关复合终端开关中的常开触点闭合，向 DCS 设备返回“阀关”信号，清除 DCS 中关阀寄存器的输出；复合终端开关中的常闭触点断开，向阀门动力柜中的电阀控制单元返回“禁止关阀”信号，该信号在电阀控制单元中终止三相固态继电器的输出。通过上述过程，完成单个电阀的开阀或者关阀控制过程。

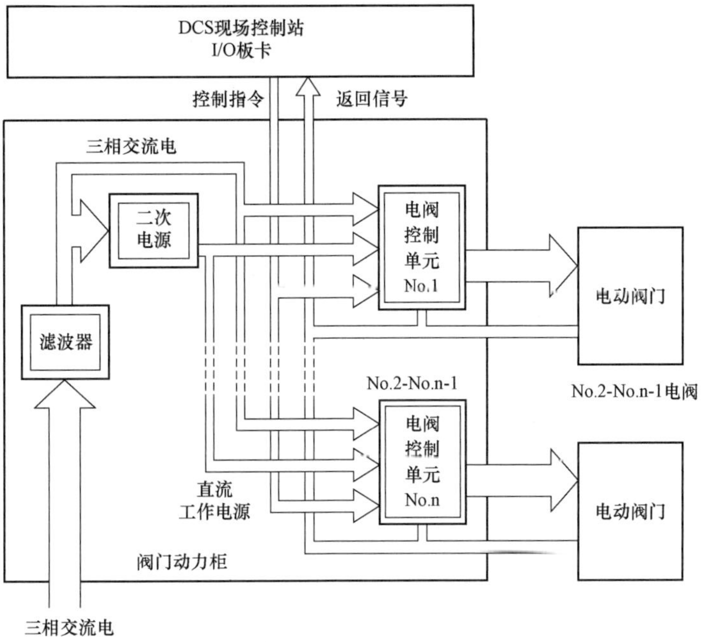


图 4-2　电动阀门的控制回路

### 4.1.3　电阀控制单元

电阀控制单元（图 4-3）作为阀门动力柜中的基本控制设备，每个单元对应一个电阀控制通道。

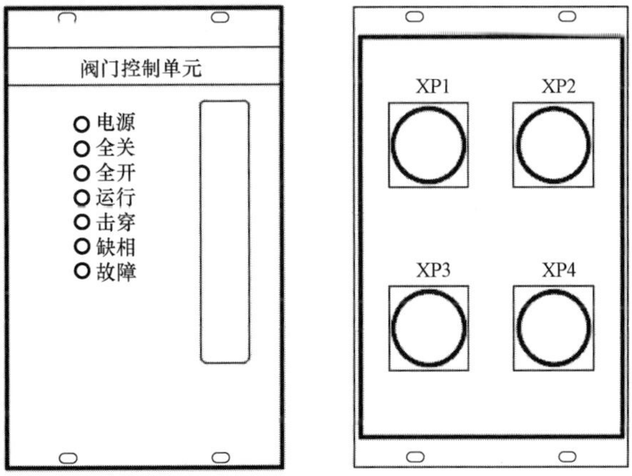


图 4-3　电阀控制单元

电阀控制单元电气接口信号见表 4-2。

表 4-2　电阀控制单元电气接口信号

| 插件编号 | 连接对象 | 信号内容 | 备注 |
|---|---|---|---|
| JP1 | 输入电源 | 三相 380/220 V 50 Hz | |
| JP2 | 与 DCS 连接 | 控制开、关；返回开、关；自诊断等信号 | |
| JP3 | 与现场电阀连接 | 电阀终端开关位置状态 | |
| JP4 | 与现场电阀连接 | 三相 380/220 V 50 Hz（换相输出） | |

电阀控制单元控制功能：

（1）DCS 逻辑设备所送出的电阀远控指令为继电器触点信号，指令信号的上拉电源由控制单元的 12 V 二次电源提供，通过逻辑芯片的运算后，控制三相固态继电器输出正相序的三相交流电或者反相序的三相交流电，实现电动阀门的动作。

（2）采集来自电阀的“返回开”“返回关”和“允许开”“允许关”阀位状态，将返回信号远传至控制室，同时对允许信号进行处理后，用于电阀状态的就地显示。

（3）击穿诊断功能：控制单元可以结合指令发送状态，对单元自身的故障状态进行诊断。在控制单元没有接收到来自 DCS 设备的指令时，单元不间断地对三相固态继电器输出端进行检测，发现一相或者多相存在电压输出时，产生“击穿”和“故障”报警信号，就地显示并进行上传。

（4）缺相诊断功能：控制单元在接收到来自 DCS 设备的指令时，三相固态继电器输出端发现一相或者多相没有额定电压输出时，产生“缺相”和“故障”报警信号，就地显示并进行上传。

## 4.1.4　阀门动力柜

阀门动力柜根据工艺现场具体应用场景的需求，分为 2 通道、5 通道、7 通道、14 通道等多个型号，其中最典型的型号是 D007 和 D014，两种盘柜分别具有 7 个和 14 个电阀通道。

每种阀门动力柜均由以下部分组成：电阀控制单元（数量按需）、盘柜二次电源，并辅以电源检测、成套性检测、故障检测等报警回路。

电阀动力柜的结构如图 4-4 所示：

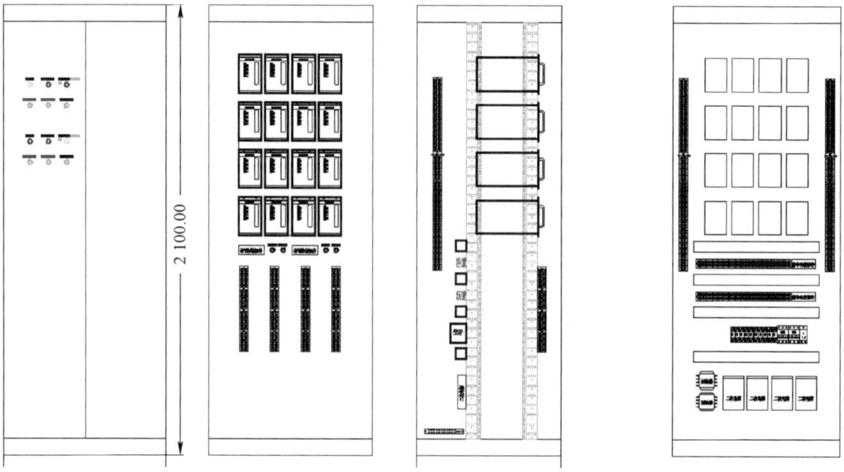


图 4-4　电阀动力柜的结构

DCS 设备和阀门动力柜之间的信号接口见表 4-3。

**表 4-3　DCS 设备和阀门动力柜之间的信号接口**

| 序号 | 信号内容 | 信号描述 | 接口特性 | 备注 |
|---|---|---|---|---|
| 1 | 1#阀开返回 | 电阀返回给 DCS 的全开位置状态 | 触点信号 | |
| 2 | 1#阀关返回 | 电阀返回给 DCS 的全关位置状态 | 触点信号 | |
| 3 | 1#阀控制开 | DCS 输出至阀门控制单元的控制开信号 | 触点信号 | |
| 4 | 1#阀控制关 | DCS 输出至阀门控制单元的控制关信号 | 触点信号 | |
| | …… | …… | …… | |
| *N* | 阀门行程 | 当盘柜中的任意一个阀门控制单元在对电阀输出三相控制电源时，输出该信号 | 触点信号 | |
| *N*+1 | 故障信号 | 当阀门控制单元检测到击穿、缺相或者控制单元故障等信号时，盘柜输出该信号 | 触点信号 | |

# 4.2　补压机

## 4.2.1　补压机的电气接口

补压机设备以三相异步电动机为其动力来源，来维持工艺管道中的设定压力。补压机设备可以根据工艺系统压力需求，在不同的电源频率下工作，通过电动机转速变化完成工艺系统压力的要求。

补压机设备的电气接口见表 4-4。

**表 4-4　补压机设备的电气接口**

| 序号 | 信号内容 | 信号描述 | 接口特性 | 备注 |
|---|---|---|---|---|
| 1 | 动力电源 | 三相电源 nn Hz | A 相 | 来自变频器 |
| 2 | 动力电源 | 三相电源 nn Hz | B 相 | 来自变频器 |
| 3 | 动力电源 | 三相电源 nn Hz | C 相 | 来自变频器 |
| 4 | 保护地 | 保护地 | PE | |

## 4.2.2　补压机控制原理

在每一台或多台补压机与 DCS 现场控制站之间，配置专用的“补压机动力柜”，补压机动力柜在为补压机提供动力电源的同时，并提供了与控制站进行互联的接口。

补压机的控制回路如图 4-5 所示。

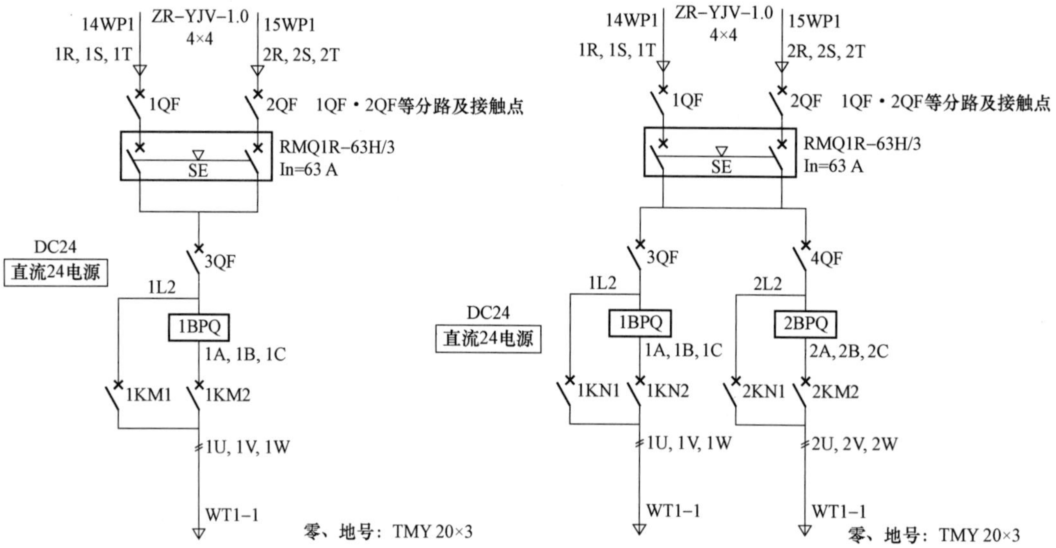


图 4-5　补压机的控制回路

工艺操作员可以通过 DCS 系统，实现对补压机的启停控制，同时也可以借助 DCS 系统的 AO 板卡（或通讯总线）对补压机设备进行调速控制。除此之外，为了补压机柜的就地操作按键和变频器界面，可以支持运行人员在就地对补压机进行启停和调速控制。

### 4.2.3　补压机动力柜

补压机动力柜主要由两部分设备组成：

第一部分为双路三相交流电源冗余切换模块，为补压机动力柜提供稳定电源。

第二部分为若干个小型变频器，每个变频器驱动一台补压机设备。每台变频器可以根据 DCS 输出的触点信号，单独启动或者停止每台补压机设备，同时来自 DCS 设备的 AO 板卡输出的 4～20 mA 信号（或通讯总线）来实现对补压机设备的调频控制，而变频器也会将目前的输出电源频率通过 4～20 mA 信号（或通讯总线）反馈给 DCS 设备，便于工艺人员实时监控、调整工艺管道中需要的压力范围。

柜中变频器的数量根据工艺现场具体应用场景的需求，分为 2 通道、3 通道、4 通道等多个型号，其中最典型的型号是 D102 和 D103，两种盘柜分别具有 2 个和 3 个补压机控制通道。

另外盘柜中还配置有 DC 24 V 二次电源，为盘柜内部的继电器提供控制电源。当补压机动力柜失电、双电源切换开关出现电源切换信号或者变频器输出故障报警时，盘柜将向 DCS 设备输出“故障”报警信号。

补压机动力柜的结构如图 4-6 所示：

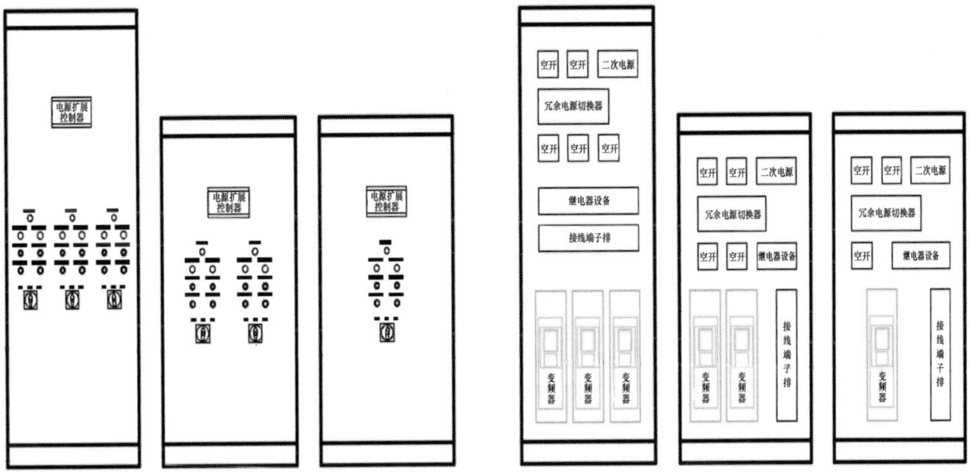


图 4-6　补压机动力柜的结构

补压机动力柜的控制信号接口见表 4-5。

**表 4-5　补压机动力柜的控制信号接口**

| 序号 | 信号内容 | 信号描述 | 接口特性 | 备注 |
|---|---|---|---|---|
| 1 | 控制第一台补压机启动 | 由 DCS 而来的控制指令 | 触点信号 | |
| 2 | 控制第一台补压机停止 | 由 DCS 而来的控制指令 | 触点信号 | |
| 3 | 控制第一台补压机调速 | 由 DCS 而来的调速指令 | 4～20 mA | |
| 4 | 第一台补压机运行信号 | 送去 DCS 的补压机运行信号 | 触点信号 | |
| 5 | 第一台补压机停止信号 | 送去 DCS 的补压机停车信号 | 触点信号 | |
| 6 | 第一台补压机工作频率 | 送去 DCS 的补压机工作频率信号 | 4～20 mA | |
| 7 | 第一台补压机就地启控制 | 补压机被就地操作启动时，给 DCS 指示信号 | 触点信号 | |
| 8 | 第一台补压机就地停控制 | 补压机被就地操作停车时，给 DCS 指示信号 | 触点信号 | |
| 9 | 综合故障信号 | 双电源切换器发生电源切换或者盘柜失电、变频器输出报警时，送给 DCS 的报警信号 | 触点信号 | |
| | …… | …… | …… | |
| *N* | 第 2 台补压机 | …… | …… | |
| *N*+1 | 第 3 台补压机 | …… | …… | |

每台补压机设备具有两种工作环境，分别是“工频”和“变频”工作方式，在盘柜面板上通过旋钮进行选择。在工频工作方式下，可以通过按键启停补压机设备，补压机设备将在 380/220 V 50 Hz 环境下进行工作；在变频工作方式下，不仅可以通过 DCS 设备远程启停补压机，并进行调速之外，盘面的启停按键同样也可以对补压机进行启停操作，变频器将根据 DCS 预设，向补压机输出相应的工作频率。

# 4.3 真空泵

## 4.3.1 真空泵的电气接口

离心法铀浓缩级联工艺系统中主要使用两种功率的滑阀式真空泵，用于对级联管道和缓冲罐进行抽空，并将压力维持在一个比较低的真空度水平。两种真空泵的动力来源均为三相 380/220 V 50 Hz 电源。

真空泵设备的电气接口见表 4-6。

表 4-6 真空泵设备的电气接口

| 序号 | 信号内容 | 信号描述 | 接口特性 | 备注 |
|---|---|---|---|---|
| 1 | 动力电源 | 三相电源 50 Hz | A 相 | |
| 2 | 动力电源 | 三相电源 50 Hz | B 相 | |
| 3 | 动力电源 | 三相电源 50 Hz | C 相 | |
| 4 | 保护地 | 保护地 | PE | |

## 4.3.2 真空泵控制原理

在每一台或多台真空泵与 DCS 现场控制站之间，配置专用的“泵阀动力柜”，泵阀动力柜在为真空泵提供动力电源的同时，提供了与控制站进行互联的接口；同时根据工艺运行场景的要求，还配置了必要的测控及联锁保护功能，实现现场可就地操控及远程控制。

对于级联气体辅助系统“抽空系统”的真空泵，除了具有驱动真空泵和电阀的功能之外，该盘柜还具有现场仪表参数采集功能和逻辑运算功能。在工程建设期间，工艺管道安装完毕后即立刻开始相关抽空工作，而 DCS 系统有可能尚不具备组网条件。“抽空系统”泵阀柜具备现场仪表数据采集及逻辑运算功能的目就是为了解决上述矛盾。柜内一般内置 PLC，由 PLC 设备来完成相关联锁控制。启动前真空泵的油温必须在要求范围之内，且其冷却水的流量满足要求（由串连在水冷管道中的水流量继电器检测）。上述条件满足后，可以通过就地方式启动真空泵。当真空泵在给定时间内达到额定转速，真空泵和泵前阀之间的压力达到限值时，输出打开泵前阀指令，阀门控制单元输出三相电源，泵前阀打开。停止真空泵工作时，位于大泵阀柜内的 PLC 设备首先控制泵前阀关闭，阀门关闭到位后真空泵停止。

“抽空系统”泵阀动力柜结构见图 4-7。

“抽空系统”泵阀动力柜原理图见图 4-8。

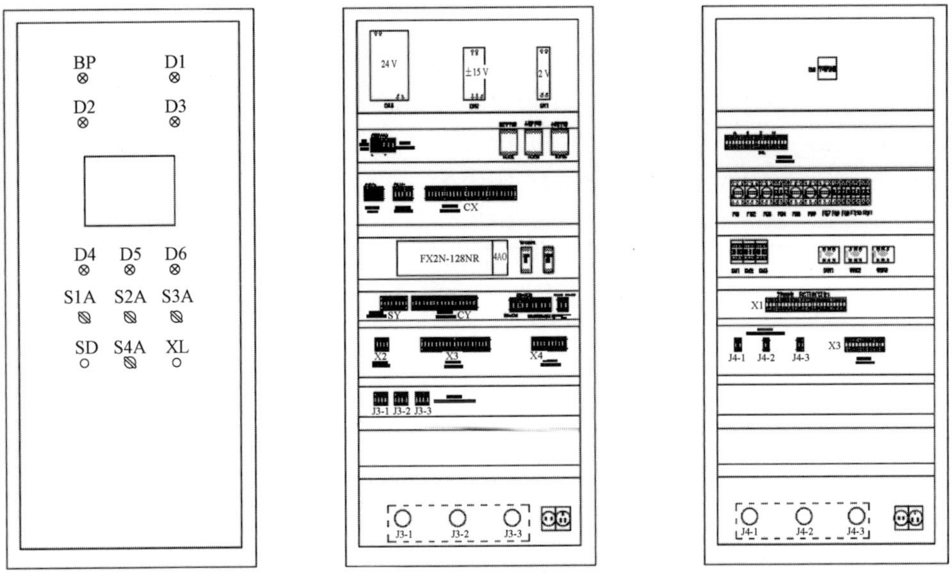


图 4-7 抽空系统泵阀动力柜结构

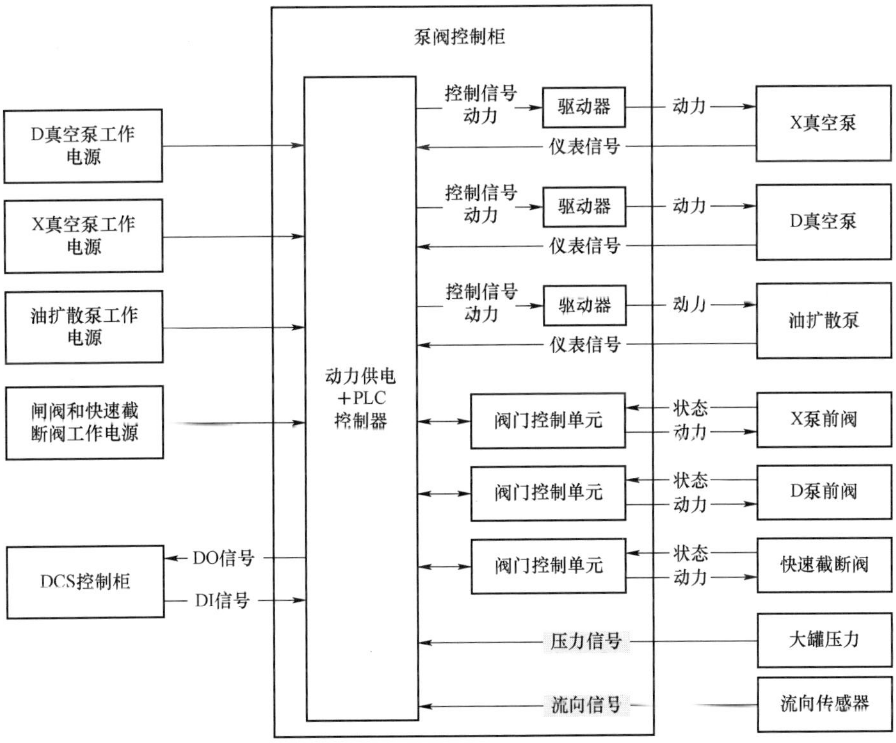


图 4-8 抽空系统泵阀动力柜原理图

对于级联气体辅助系统“抽空系统”以外的真空泵，一般需要和电接点压力表、泵前阀（部分应用环境中还需配合逆流保护传感器和快速截断阀）配合使用。当压力仪表检测到储气罐压力大于设定值后，DCS 设备的 DO 继电器触点闭合，小泵阀柜将输出三相

380/220 V 50 Hz 电源，真空泵开始运行。当真空泵在给定时间内达到额定转速，真空泵和泵前阀之间的压力达到限值时，DCS 输出打开泵前阀指令，阀门控制单元输出电源，泵前阀打开。储气罐压力达到停泵设定值时，由 DCS 输出关闭泵前阀指令，阀门关闭到位后真空泵停止。

泵阀动力柜（除抽空系统外）结构见图 4-9。

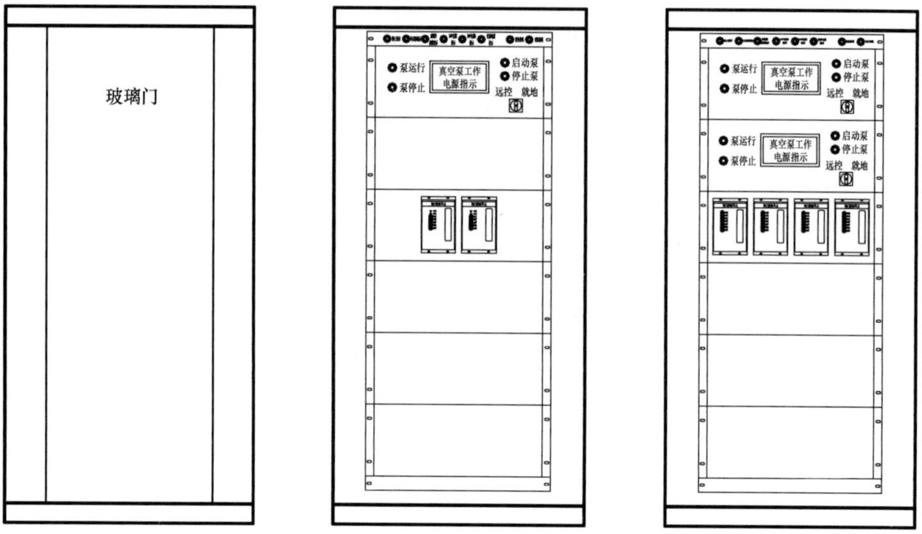


图 4-9　泵阀动力柜（除抽空系统外）结构图

泵阀动力柜采用模块化设计，内置真空泵控制单元及阀门控制单元。

真空泵控制单元在面板上配置有一块可以读取真空泵工作电流的显示屏，单元上配置有真空泵的远控/就地切换旋钮和真空泵的启/停按钮。支持操作人员或者检修人员进行就地操作。真空泵控制单元上还配置有“真空泵运行”/“真空泵停止”状态指示灯。

阀门控制单元则与阀门动力柜中的阀门控制单元原理、结构、接口完全相同。

真空泵控制单元上的切换开关置于远控状态时，只能由 DCS 逻辑设备完成对该真空泵的控制；当切换开关置于就地状态时，只能通过该控制单元上的“就地启动真空泵”和“就地停止真空泵”按键完成对该真空泵的控制。

真空泵控制单元需要对电源电压和真空泵每相工作电流进行检测，当控制单元输入电压降低或者真空泵相电流偏低（缺相）时，泵阀动力柜可以输出相关故障报警信号。

泵阀动力柜和 DCS 控制器连接的信号主要有：每个电阀的控制开指令、控制关指令、返回开信号、返回关信号、阀门控制通道故障、阀门行程信号。以上信号均采用干触点，和上位逻辑盘柜之间通过并行方式完成信息交换。

## 4.4　调节器

级联所使用的调节器设备分为压力调节器和流量调节器两种，工艺人员通过控制调节器内部的单相电动机正向或者反向运动，对压缩空气的调整，实现执行机构对管道中的压力或者流量进行调节。

### 4.4.1　调节器及电气接口

调节器和旁通阀均使用单相交流电机作为驱动设备，电机可以借助压缩空气根据运转时间的长短将机械执行器停留在全行程的任何一个位置，从而实现管道内压力或者流量的调节功能。

调节器内部接线如图 4-10 所示。

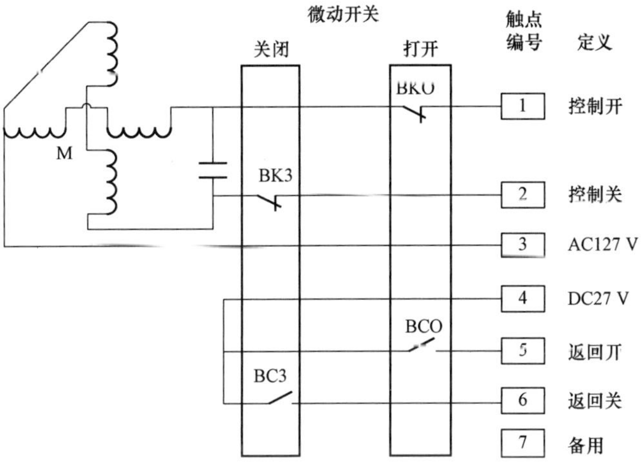


图 4-10　调节器内部接线图

调节器设备和控制器之间的信号接口如表 4-7 所示。

表 4-7　调节器设备和控制器之间的信号接口

| 序号 | 信号内容 | 信号描述 | 接口特性 | 备注 |
|---|---|---|---|---|
| 1 | 控制开 | 控制调节器向打开方向运行 | 单相电源 | |
| 2 | 控制关 | 控制调节器向关闭方向运行 | 单相电源 | |
| 3 | 返回开 | 调节器位于全开位置 | 继电器触点信号 | |
| 4 | 返回关 | 调节器位于全关位置 | 继电器触点信号 | |

### 4.4.2　调节器控制原理

当压力或者流量被调整至给定值时，需工艺人员远控发出“停止”指令，执行机构停止在当前给定位置。

针对上述控制，通过 DCS 的 I/O 板卡和继电器组来实现相关控制要求。

使用调节器对系统压力或者流量进行调整时，工艺人员需要目测相关压力仪表并通过人工干预来实现给定值的调节，其控制精度和自动化水平较低。专业技术人员针对上述问题，对调节器的控制原理进行了改进，形成了电动调节阀设备。

# 4.5 电动调节阀

离心法铀浓缩工厂级联工艺系统中普遍使用了气动机械式调节器设备，该设备需辅以压缩空气站和零位抽空系统作为其工作的基本条件。任何一个系统出现问题都会导致调节器工作不稳定或实效。气动机械式调节器结构复杂，对维护工作要求高，不方便与数字化工艺控制系统进行集成，不能较好地满足复杂工艺过程控制需要。

基于以上原因，陕铀公司充分利用工艺生产条件，通过消化、吸收再创新，自主研制了离心法铀浓缩工艺系统专用“电动调节阀”，并在数条生产线上实现了批量应用，同时将调节器旁通阀也用电动调节阀替代，取得了预期的应用效果。使辅助系统中不再需要压缩空气和零位真空系统支持，简化了工艺系统流程，提高了运行系统可靠性和安全性，并显著降低了生产过程的能源消耗。

## 4.5.1 电动调节阀的执行结构

电动调节阀是一种机械与电子技术相结合的机电一体化产品，由节流机构和执行机构组成。节流机构，由阀盘及锥形喷嘴和喷管等组成，通过调节阀盘与喷嘴之间形成的间隙大小调节真空下的气体流量。执行机构由阀杆运动驱动机构、控制器、阀位变送器等构成。其结构示意图见图 4-11。

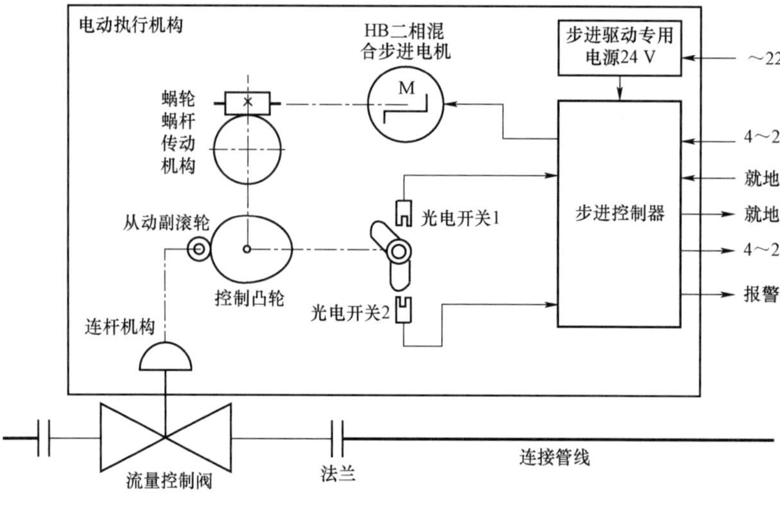


图 4-11 电动调节阀执行机构示意图

阀位传感器安装在阀体的凸轮运动轴上，间接检测阀门节流机构的位移，快速地将输出轴的角位移信号反馈给伺服控制器，作为现场伺服控制器控制的闭环负反馈信号；还作为现场阀位显示送给 DCS 控制器。

## 4.5.2 电动调节阀控制要求及电气接口

电动调节阀有“就地”和“远控”两种工作方式，“就地” 方式操作优先权高于“远控” 方式。已接入外部控制器（如 DCS 系统）系统的调节阀，通过控制室操作站可以对调节阀直接进行“就地”和“远控”两种工作方式的切换。正常工况下，电调阀一般工作于“远控”工作方式，在系统异常时电调阀会自动转为“就地”工作方式。

“就地” 方式控制时通过现场阀门控制器对电调阀的开度进行调节。

“远控” 方式控制时，按照外部控制器（如 DCS 系统）发出的 4～20 mA 标准电流信号，实现精确的阀位调节。同时能够把阀门的实际开度 4～20 mA 标准电流信号送给外部控制器（如 DCS 系统），实现阀位开度显示及跟踪。“远控”方式又分为两种工况，“远控手动”和“远控自动”。这两种方式的切换在外部控制器（如 DCS 系统）操作站上完成。“远控手动”时，可以通过操作员给定 MV 值，直接控制调节阀的开度。“远控自动”则是通过 PID 算法自动输出 MV 值，来控制调节阀的开度。

现场的电动调节阀是由控制器、阀杆运动驱动机构、阀位传感器等构成的 ·个位置闭环控制系统。详细的控制原理见 6.3 章节，电动调节阀和控制器之间的电气接口信号如表 4-8 所示。

**表 4-8　电动调节阀和控制器之间的电气接口信号**

| 序号 | 信号内容 | 信号描述 | 接口特性 | 备注 |
|---|---|---|---|---|
| 1 | 开度控制 | 阀位开度控制输入+（4· 20 mA） | 4～20 mA | |
| 2 | 开度返回 | 阀位开度输出+（4～20 mA） | 4～20 mA | |
| 3 | 远控/就地指令 | A/M 转换输入接点 | 继电器触点信号 | |
| 4 | 远控/就地指示 | A/M 状态输出接点 | 继电器触点信号 | |
| 5 | 故障报警 | 报警输出接点 | 继电器触点信号 | |
| 6 | 电源 | 单相 | AC220 V | |

# 4.6　加热箱

加热箱是用于对供料容器加热蒸发的一种专用加热装置，可以根据运行需要提供 30～100 ℃的温度环境，保证供料容器正常运行。用于离心法铀浓缩工厂的供料及供料净化系统，主要由加热部件、风道及温度控制系统组成。

加热箱一般是采用多组电加热器加热，通过箱体底部风机将热源经导流槽均匀吹至上部，再通过后端的循环风机将热空气充分流动交换，使容器温度变化，达到温度要求。电加热器一般采用镍铬加热丝，具有超温保护功能，当温度超过设定值，自动断开加热，设备继续运行。

## 4.6.1　加热箱控制系统

加热箱在本地配套有电气控制柜，一面控制柜可以控制加热箱的两个工作室，两个工作室分别独立控制，内部电源各自独立，互不干扰。控制柜内安装有两台衡器称重显示仪，工作电源与控制加热电源独立布置。

加热控制器是加热箱电气控制柜的核心控制单元，如图 4-12 所示，一般采用 PLC 控制，配置液晶触摸屏，可直接输入、显示、控制温度，控制系统采用人机对话方式。具有自动、智能、人性化的设计。控制系统可显示/设定试验参数、程序曲线、工作时间、加热器/风机的工作状态。同时具有程序化自动运行及 PID 参数自整定功能。可自动组合加热系统、循环风机、超温报警等子系统工作，从而保证整个温度控制系统的高控制品质。PLC 控制器上配备 RS-485 接口。

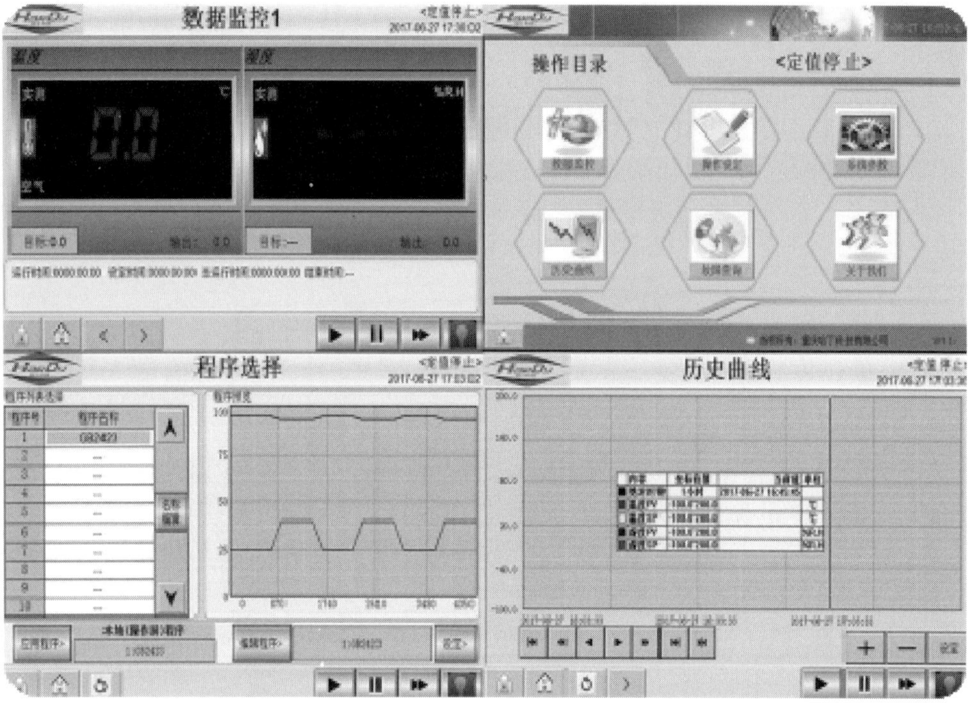


图 4-12　加热箱控制器操作界面示意图

## 4.6.2　加热箱的电气接口

上位控制系统（如 DCS 系统）实现对加热箱的远程控制，控制信号为 PID 占空比可变的无源接点信号送到现场控制柜，通过固态继电器进行控制，控制原理同电伴热控制原理。实现加热的联锁为加热箱的门已关好，加热箱内回风温度未达高限控制值，当门未关闭或加热箱内回风温度超过高限值时自动切断加热。

加热箱和上位控制系统器之间的电气接口信号如表 4-9 所示。

**表 4-9　加热箱和上位控制系统器之间的电气接口信号**

| 序号 | 检测对象 | 信号描述 | 接口特性 | 备注 |
| --- | --- | --- | --- | --- |
| 1 | 加热箱回风温度 | Pt100 热电阻信号 | 电阻信号 | |
| 2 | 容器器壁温度 | Pt100 热电阻信号 | 电阻信号 | |
| 3 | 加热状态指示 | 状态输出接点 | 继电器触点信号 | |

续表

| 序号 | 检测对象 | 信号描述 | 接口特性 | 备注 |
|---|---|---|---|---|
| 4 | 加热指令 | 状态输入接点 | 继电器触点信号 | |
| 5 | 门状态 | 状态输出接点 | 继电器触点信号 | |
| 6 | 故障状态 | 状态输出接点 | 继电器触点信号 | |

# 4.7　冷风箱

冷风箱是一种以空气为制冷工质的制冷装置，箱体内在常压下可以提供－25～－5 ℃的低温环境，用于冷凝工作物料。物料冷凝收集于低温冷风箱中的容器内。用于离心法铀浓缩工厂的精、贫料系统。冷风箱由制冷系统、加热除霜系统、风道系统、温度控制系统组成。

冷风箱采用蒸汽压缩式制冷原理进行制冷，制冷机组采用活塞式压缩机，制冷机组冷却采用水冷，制冷剂为环保的制冷剂。

## 4.7.1　冷风箱控制系统

冷风箱控制柜的工作电源为 AC 380 V/50 Hz，一面控制柜可以控制冷风箱的两个工作室，两个工作室分别独立控制，内部电源各自独立，互不干扰。控制柜内安装有两台衡器称重显示仪，工作电源与控制电源独立布置。

控制器是冷风箱电气控制柜的核心控制单元，控制器可显示设定参数，时间，制冷、除霜等工作状态，同时具有自动运行及 PID 参数自整定功能。控制参数的设定采用中文界面，仅需设定温度就可实现制冷机的自动运行功能。控制系统使用智能化控制软件系统，具备自动组合制冷、加热等子系统的工况，从而保证在整个温度范围的高精度控制，达到节能降耗的目的。具有完善的检测装置能自动进行详细的故障显示，报警，如当冷风箱发生异常时，控制器自动显示故障状态。配备 RS-485 接口与上位控制系统计算机相连，连机后可通过上位控制系统计算机对设备实现运行，温度等参数的连续监控。

## 4.7.2　冷风箱的电气接口

上位控制系统（如 DCS 系统）实现对冷风箱的远程监控，监控的主要参数有冷风箱内回风温度，冷风箱的制冷、除霜、故障信号，以及 3 m$^3$ 容器称重信号。

冷风箱和上位控制系统器之间的电气接口信号如表 4-10 所示。

表 4-10　冷风箱和上位控制系统器之间的电气接口信号

| 序号 | 检测对象 | 信号描述 | 接口特性 | 备注 |
|---|---|---|---|---|
| 1 | 冷风箱温度 | Pt100 热电阻信号 | 电阻信号 | |
| 2 | 冷风箱制冷 | 状态输出接点 | 继电器触点信号 | |
| 3 | 冷风箱除霜 | 状态输出接点 | 继电器触点信号 | |
| 4 | 冷风箱故障 | 状态输入接点 | 继电器触点信号 | |

# 4.8 增压泵

离心法分离铀同位素，要求整个系统在负压环境下运行；同时供取料厂房的各类净化操作也需要将尾气由系统经增压抽空排入大气，这些都需要增压设备来实现。各类增压设备在离心分离工厂发挥着重要作用。供取料系统增压装置在供取料系统中用来压缩和输送六氟化铀气体。从级联3#流或4#流出来的精、贫料，经增压泵增压后，被冷凝在冷风箱中的收料容器中。

## 4.8.1 增压泵控制系统

每套泵组均配置一个电气控制柜，柜内配置一台变频器实现每台泵电机在0～50 Hz范围内变频。泵供电为AC 380 V，50 Hz。增压泵控制原理如图4-13所示。

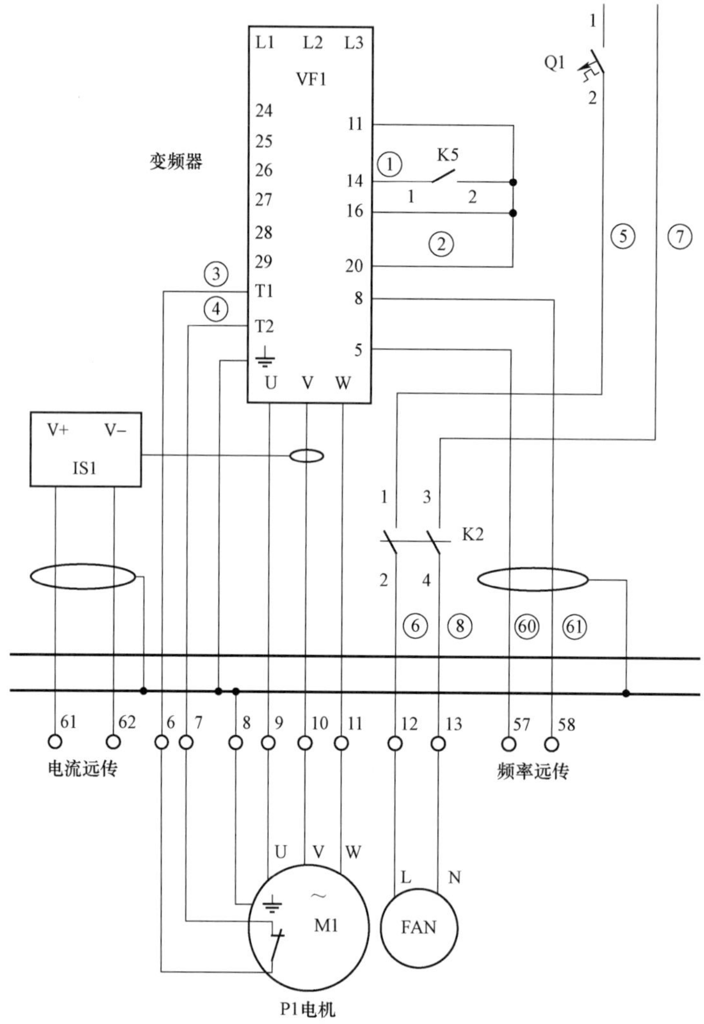


图4-13　增压泵控制系统

泵的启、停控制在现场和控制室均可实现，在就地盘柜上可以对泵组进行启、停操作，并显示泵的运行、停止、故障状态、当前运转电流、当前运转频率等信号。

泵处于远控状态时，控制柜接收并执行 DCS 系统发出的控制命令，通过 DCS 来实现相应联锁及控制。

变频器操作面板主要状态参数有变频器当前运转频率、当前运转电流、故障代码等，同时通过变频器接口接收 DCS 发出的调频信号并执行。

### 4.8.2　增压泵的电气接口

上位控制系统（如 DCS 系统）实现对增压泵的远程监控，监控的主要参数有增压泵启/停状态、故障、运控/就低、电流、频率信号等。增压泵和上位控制系统器之间的电气接口信号如表 4-11 所示。

**表 4-11　增压泵和上位控制系统之间的电气接口信号**

| 序号 | 检测对象 | 信号描述 | 接口特性 | 备注 |
| --- | --- | --- | --- | --- |
| 1 | 启动状态 | 状态输入 | 无源干触点 | |
| 2 | 停止状态 | 状态输入 | 无源干触点 | |
| 3 | 故障信号 | 状态输入 | 无源干触点 | |
| 4 | 运控/就地 | 状态输入 | 无源干触点 | |
| 5 | 启动命令 | 命令输出 | 无源干触点 | |
| 6 | 停止命令 | 命令输出 | 无源干触点 | |
| 7 | 增压泵电流 | 信号输入 | 4～20 mA | |
| 8 | 增压泵频率 | 信号输入 | 0～10 V | |
| 9 | 调节频率 | 信号输出 | 4～20 mA | |

# 第5章

# 工艺过程控制系统

## 5.1 集散控制系统

在计算机控制系统初期，一般采用集中式控制系统，将所有功能集中于一台计算机，导致软件系统庞大、运行效率、可靠性低，计算机一旦失效或发生故障，对整个系统造成的危害性很大。为了解决这个问题，出现了“控制分散、管理集中”的分布式控制系统，又称集散控制系统（DCS），与传统的集中式计算机控制系统相比，集散型控制系统的危险被分散，可靠性大大增加。

随着现代化工业的飞跃发展、生产规模的不断扩大、生产技术工艺过程越来越复杂，集散控制系统（DCS）已成为流程工业的主流自动控制系统。在离心法铀浓缩工厂中，主、辅工艺过程的检测和控制系统也普遍采用了集散控制系统（DCS）进行设计、集成。

### 5.1.1 DCS系统的概念

DCS是分散型控制系统（Distributed Control System）的简称，或称为集散控制系统，是一个以通信网络为纽带，由过程控制级和过程监控级组成的多级计算机系统。利用现代网络技术、现代控制技术、图形显示技术和冗余技术等实现对分散控制对象的调节、监视管理的控制。DCS 系统的理念是“分散控制”“集中管理”，是以分散的控制适应分散的控制对象，尽量将控制所造成的危险性分散，以集中的监视和操作达到掌握全局的目的。

### 5.1.2 DCS系统网络结构

DCS系统由控制节点（控制站及配套设备）、操作节点（工程师站、操作员站、主工程师站、数据站等）及通信网络（包括过程信息网、过程控制网、I/O总线）等构成，如图5-1所示。

通信网络是DCS系统构架的中枢，各部分之间的信息传递都是通过通讯网络实现的，它完成数据、指令和其他信息的传递，从而实现整个系统协调一致地工作，实现数据和信息共享，使用最广泛的是环型网和总线型网。

（1）管理信息网

采用通用以太网技术，连接各管理节点，用于工厂级的信息传送和管理，是实现全厂综合管理的信息通道。该网络通过服务器站点获取运行中的过程参数和运行信息，同时也向下传送上层管理计算机的调度指令和生产指导信息。管理信息网采用大型网络数据库，实现信息共享，可将各个装置的控制系统连入企业信息管理网，实现工厂级的综合管理、调度、统计、决策等。

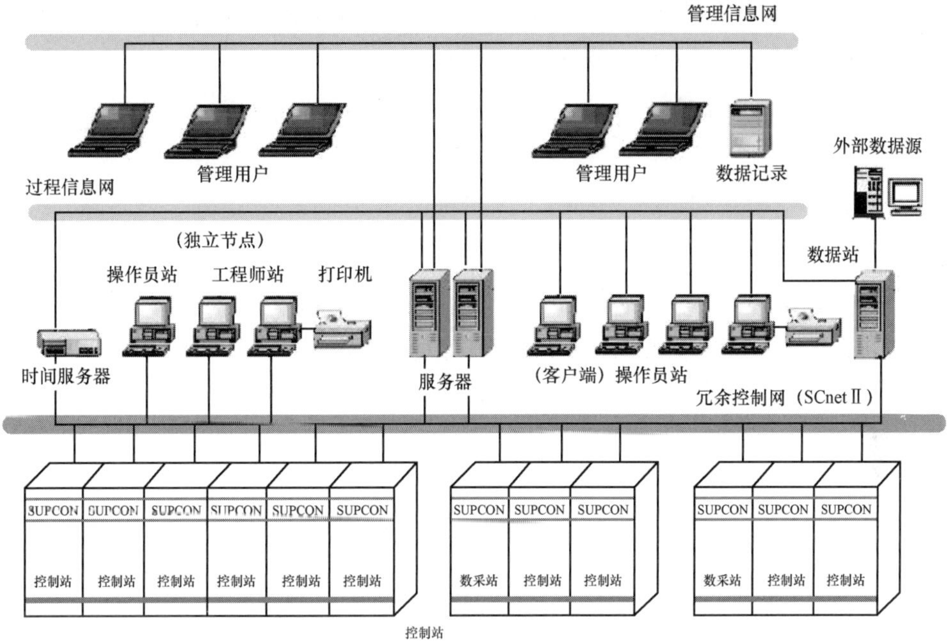


图 5-1　DCS 系统网络结构及硬件组成

（2）过程信息网

连接控制系统中所有工程师站、操作员站、组态服务器（主工程师站）、数据服务器等操作节点，在操作节点间传输历史数据、报警信息和操作记录等。对于挂在过程信息网上的各应用站点可以通过各操作域的数据服务器访问实时和历史信息、下发操作指令。

过程信息网一般采用对等网形式，结构如图 5-2 所示。

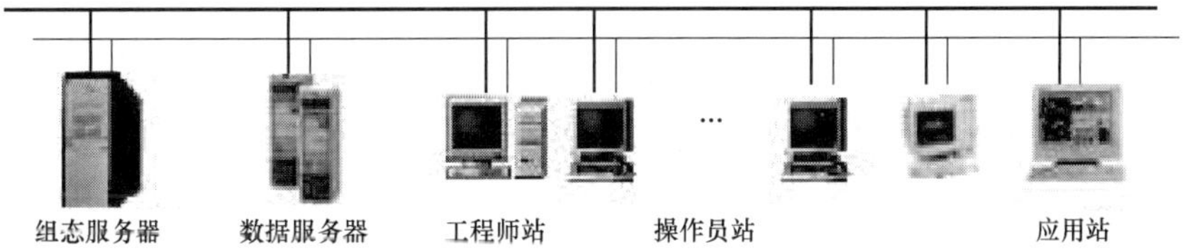


图 5-2　DCS 过程信息网络

（3）过程控制网

连接工程师站、操作员站、数据服务器等操作节点和控制站，在操作节点和控制站间传输实时数据和各种操作指令。

过程控制网结构如图 5-3 所示。

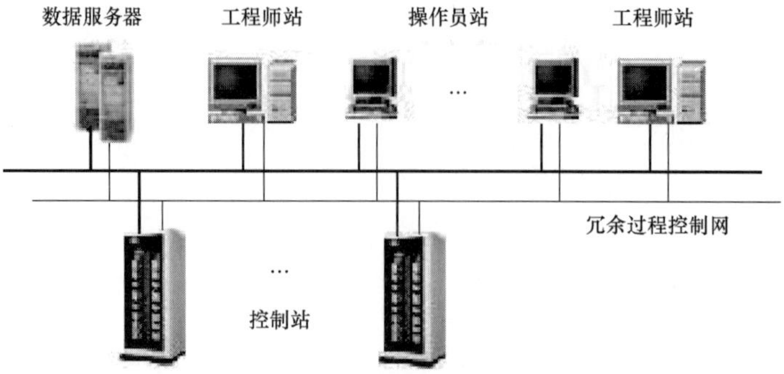


图 5-3 DCS 过程控制网络结构

（4）I/O 总线

I/O 总线一般位于现场控制站内部，连接输入输出模块和控制器，拓扑结构一般为总线形结构。

如图 5-4 所示，I/O 网络控制器和智能 I/O 单元都连接在总线上，该网络中的通讯节点主要有主站和从站，利用总线技术实现主控单元和过程 I/O 单元间的通讯，以完成实时输入/输出数据和从站设备诊断信息的传送，也可以实现远距离通讯，或者连接更多的智能 I/O 单元。

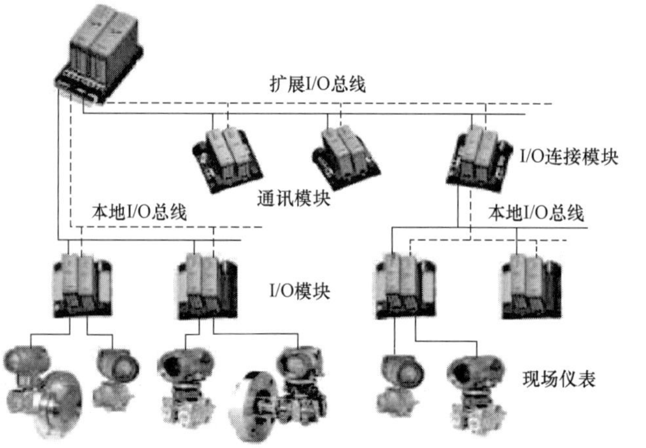


图 5-4 I/O 总线

### 5.1.3 DCS 系统硬件

在总体结构上，DCS 系统可划分为过程层、操作层和管理层，如图 5-1 所示。

过程层：由过程控制站、I/O 单元和现场仪表组成，是系统控制功能的主要实施部分；

操作层：包括操作员站、工程师站和服务器，完成系统的操作监控和组态维护；

管理层：主要是指工厂管理信息系统（MIS、MES 或 ERP 系统等），为工厂信息业务领域的应用。

#### 5.1.3.1　工程师站

工程师站是用于系统组态与编程的平台，工程师站安装相应的组态软件和系统维护工具，通过系统组态软件可构建适合于生产工艺要求的应用系统，可创建、编辑和下载控制所需的各种软、硬件组态信息，可进行组态备份和还原等功能。使用系统维护工具软件可实现过程控制网络调试、故障诊断、信号调校等工作。工程师站也安装有实时监控软件，具备操作员站的监控功能。

#### 5.1.3.2　操作员站

操作员站安装实时监控软件，是操作人员监视、控制生产过程、维护设备和处理事故的人机接口，对生产过程进行集中操作与监视。操作员站直接从控制站获得实时数据，以流程图、趋势图、数据一览、报警窗口等形式展现实时/历史数据，可通过连接到操作站的鼠标、键盘等操作终端向控制站发送操作命令。

#### 5.1.3.3　服务器

完成实时数据和历史数据采集和管理，提供报警历史记录、操作历史记录、操作域变量实时数据服务（包括异构系统数据接入、二次计算变量等）、SOE 服务，并向应用站提供实时和历史数据。数据服务器可以冗余配置，当工作服务器发生故障或者检修的时候，会自动切换，保证客户端正常工作。

#### 5.1.3.4　管理信息系统

主要任务是监测企业各部分的运行情况，利用历史数据和实时数据预测可能发生的各种情况，从企业全局利益出发辅助企业管理人员进行决策，帮助企业实现其规划目标，承担全厂的管理决策、计划管理、行政管理等任务。

#### 5.1.3.5　过程控制站

是一个完整的计算机系统，主要由电源、高性能的中央处理器（控制器）、网络接口组成。高性能的中央处理器是现场过程控制的中心，存放并运行所有过程控制程序以及现场仪表数据和控制数据。过程控制站与生产过程相连接，直接从现场采样 I/O 数据，对控制变量进行检测、处理，并产生控制信号来控制现场的执行机构，实现生产过程的闭环控制。它可控制多个回路，具有极强的运算和控制能力，能够自主地完成回路控制任务，实现连续控制、顺序控制和批量控制等整个工业过程的实时控制功能，DCS 的控制决策都是由它来完成的。

（1）控制器

控制器是现场控制站的核心部件，主要功能是依据编写的控制策略对现场对象进行实时控制，对现场数据进行采集、信息处理、控制运算等，通过过程控制网络与数据服务器、操作员站、工程师站相连，如图 5-5 所示，接收上层的管理信息，并向上传递工艺装置的特性数据和采集到的实时数据，向下通过扩展 I/O 总线和 I/O 连接模块相连（或通过本地 I/O 总线与 I/O 模块直接相连），实现与 I/O 模块的信息交换，完成现场信号的输入采样和输出控制，如图 5-4 所示。

（2）I/O 单元

I/O 单元即输入输出单元，是 DCS 控制系统中建立信号输入和输出的通道，主要是负责接收现场的模拟量和数字量信号，然后转换成 DCS 控制器能接收的数字信号的卡件或

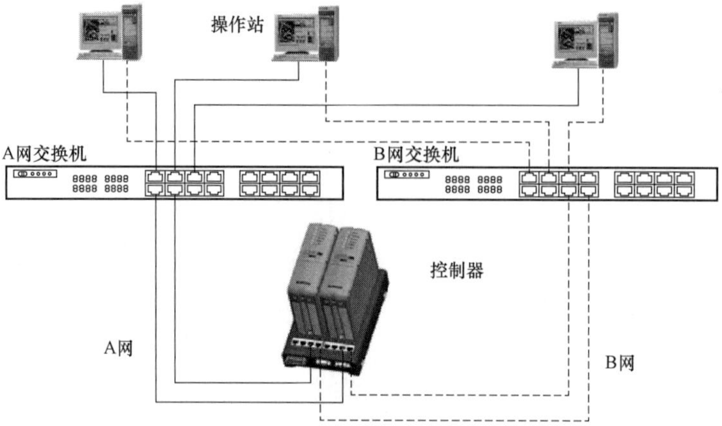


图 5-5 控制器与控制网的连接

模块，同时将 DCS 控制器所发出的指令转换成模拟量信号和数字量信号到现场仪表或执行机构。I/O 单元种类包括：

- AI 模拟量输入模块，采集温度、压力、流量、电流等连续变化的量，信号一般为 4～20 mA 或 0～10 V。
- AO 模拟量输出模块，即模拟量控制信号，如连续可调的执行器开度控制、变频器转速调节等，信号为 4～20 mA。
- DI 开关量输入模块，接收阀门、设备状态等的反馈，一般为无源接点信号。
- DO 开关量输出模块，从控制器发出的控制信号，如控制阀门、泵的命令信号，一般为继电器触点或晶体管接点信号。

#### 5.1.3.6 第三方通讯

DCS 系统支持 HART、PROFIBUS、FF、MODBUS、EPA 等现场总线协议，如图 5-6，并提供相应现场总线接口模块，实现与第三方设备通讯，所有现场侧信号与系统侧采用光电隔离，保证故障对系统的影响最小。

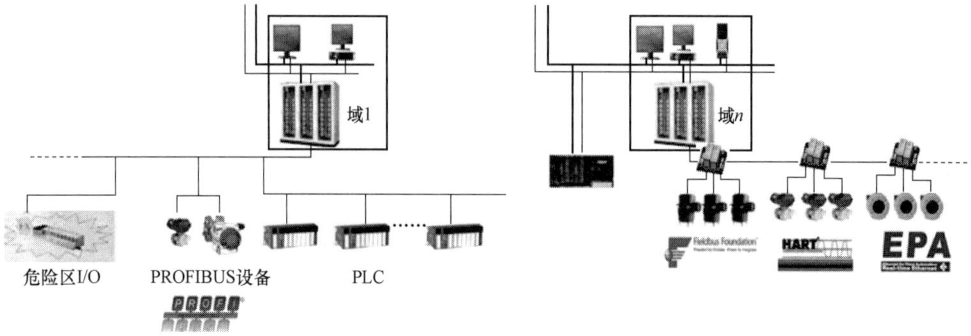


图 5-6 DCS 系统的第三方通讯

## 5.1.4　DCS 系统软件

DCS 系统软件主要由控制组态软件软件和监控软件组成。组态软件安装在工程师站，提供了工程师才允许使用的系统组态，可以完成结构组态、流程图组态、算法组态等功能。

监控软件运行在操作员站上，能实现如下功能：实时数据库、网络管理、历史数据库管理、图形管理、历史数据趋势管理、记录报表生成与打印、人机接口控制、控制回路调节、参数列表、串行通信和各种组态等。

### 5.1.4.1　组态软件

DCS 组态软件主要完成下层控制程序组态及上层监控组态，下层控制程序组态是按照工艺要求利用 DCS 系统所支持的语言规范来实现控制功能，编写用户程序，然后再将用户程序下载到控制器中。上层监控组态是模拟工艺流程，将工艺流程与现场实时参数、内部变量相关联，然后发布到各操作员站，使图形随着实时数据的变化而变化，如图 5-7 所示。

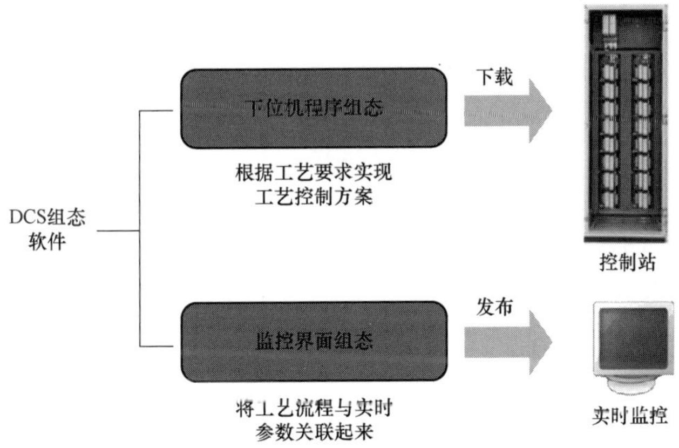


图 5-7　DCS 系统组态软件

DCS 组态软件包安装在工程师站上，通过对象链接与嵌入技术，构成了一个全面支持 DCS 系统结构及功能组态的软件平台，软件包一般包括：硬件组态软件、位号组态软件、用户编程软件、监控组态软件、流程图绘制软件：

● 系统结构组态软件

用于完成整个控制系统结构框架的搭建，包括控制域、操作域的划分及功能分配，以及各工程师组态权限分配等；

● 硬件组态软件

完成整个控制站的所有硬件组态，包括控制器、通信模块、I/O 模块的所有运行参数设置；

● 位号组态软件

为每个 I/O 通道定义位号，该位号可在用户程序编写、监控组态中使用，是 I/O 通道对应检测或执行机构的标识；

- 监控组态软件

实现报警、趋势、控制分组、操作关联等组态；

- 流程图绘制软件

组态工程师用该软件绘制满足系统需求的流程图；

- 控制方案算法组态软件

用于完成控制系统控制方案的组态，利用 DCS 系统提供的语言实现用户所需求的控制策略。一般常用三种语言：FBD 功能块图、梯形图、ST 高级语言等；

- 监控组态软件

用于完成控制系统监控管理的组态，对监控界面进行组态，主要包括总貌画面、一览画面、分组画面、趋势画面、流程图、报表、调度、自定义键、可报警分区组态等。每个操作员可以关联一个或多个操作小组。

#### 5.1.4.2 应用组态流程

用户根据自己的需求 DCS 平台把系统提供的模块化功能单元按一定的逻辑组合起来，形成一个能完成特定要求的应用系统。典型的 DCS 系统组态流程如下：

（1）前期准备工作

进入系统组态前，应首先确定测点清单、控制运算方案、系统硬件配置，包括系统的规模、各站 I/O 单元的配置及测点的分配等，还要提出对流程图、报表、历史数据库等的设计要求。

（2）建立目标工程

在正式进行应用工程的组态前，必须针对该应用工程定义一个工程名，该目标过程建立后，便建立起了该工程的数据目录。

（3）系统组态设备

应用系统的硬件配置通过系统配置组态软件完成。采用图形方式，系统网络上连接的每一种设备都与一种基本图形对应。在进行系统设备组态之前必须在数据库总控中创建相应的工程。

（4）数据库组态

数据库组态就是定义和编辑系统各站的点信息，这是形成整个应用系统的基础。在系统中有两类点，一类是实际的物理测点，存在于现场控制站和通信站中，点中包含了测点类型、物理地址、信号处理和显示方式等信息；一类是中间变量点，同实际物理测点相比，差别仅在于没有与物理位置相关的信息，可在控制算法组态和图形组态中使用。

（5）控制算法组态

在完成数据库组态后就可以进行控制算法组态。DCS 系统提供了符合 IEC1131-3 标准的五种工具：SFC、ST、FBD、LD 和 FM。

（6）图形、报表组态

图形组态包括背景图定义和动态点定义，其中动态点动态显示其实时值或历史变化情况，因而要求动态点必须同已定义点相对应。通过把图形文件连入系统，就可实现图形的显示和切换。

（7）编译生成

系统编译及联编功能连接形成系统库，成为操作员站、现场控制站上的在线运行软件的基础。系统包括实时库和参数库两个部分组成，系统把所有点中变化的数据项放在实时库中，而把所有点中不经常变化的数据项放在参数库中。

（8）组态下载和发布

系统库生成完毕后，在工程师站通过网络将与控制站有关的信息如主控单元配置、I/O 模块设置、位号组态、算法组态等下载到控制站，与操作站有关的图形、报表、趋势、报警等文件通过网络发布到服务器和操作员站。

### 5.1.4.3 控制方案

按照工艺要求利用 DCS 系统所提供的功能模块或算法来实现控制功能，编写用户程序形成控制方案，一般常用三种语言：FBD 功能块图、LD 梯形图、ST 高级语言。

- FBD 功能块图

采用功能块图进行控制站控制策略编辑，如图 5-8 所示：系统库提供比例控制、分程控制、脉冲式 PI 控制、偏差累积 PI 控制、模糊控制、预估控制、PID 等控制功能块，电机控制、阀门控制等行业功能块，以及丰富的算术运算、逻辑运算、模拟量运算等功能块种类。

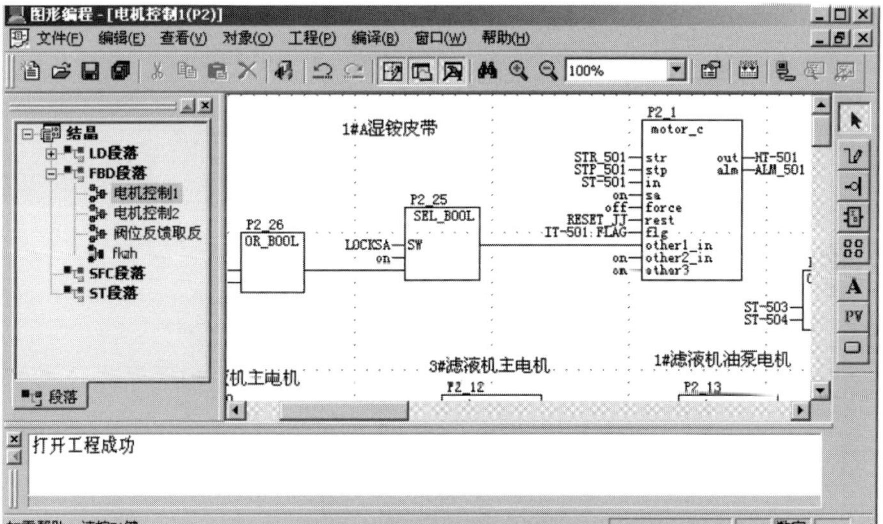


图 5-8　功能块图编程软件

- 梯形图

如图 5-9 所示：通常用作逻辑控制程序编辑，触点和标准类型的线圈、跳转以及部分常用功能块，支持程序分段以及程序跳转功。

- ST 高级语言编程软件

如图 5-10 所示：用于编写软件供工程师根据控制工艺要求自己编制用户功能块，以便在功能块图编程软件中复用此逻辑。用户功能块相当于子程序，包含用户定义的输入、输出、内部变量和内部程序逻辑，支持输入输出别名定义。

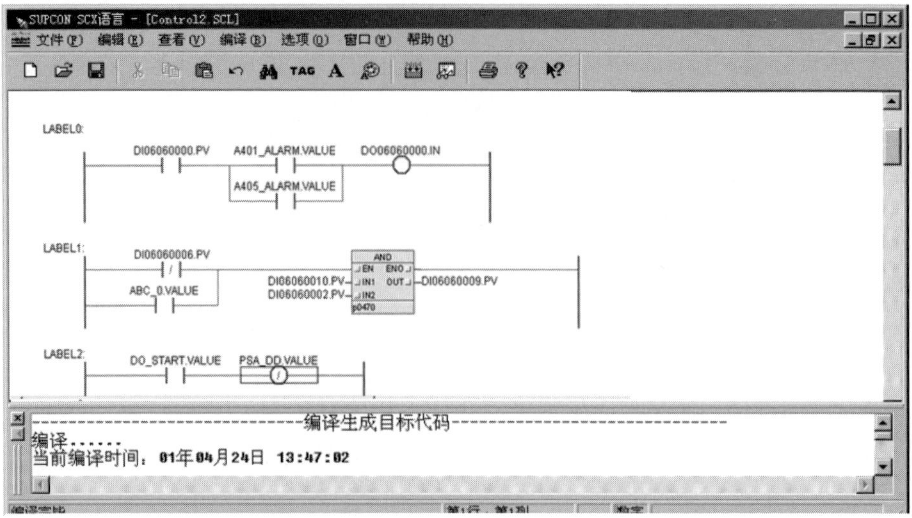


图 5-9　梯形图

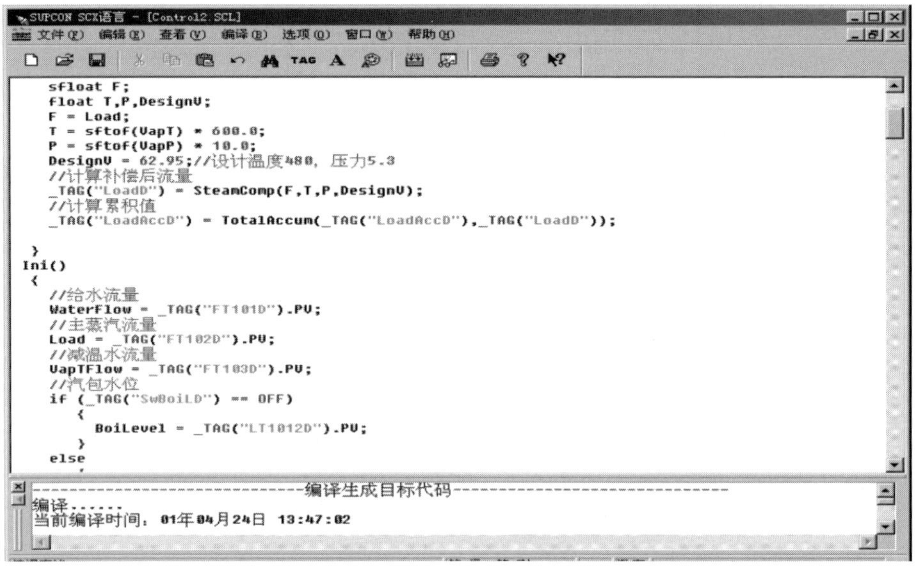


图 5-10　ST 高级语言

### 5.1.4.4　实时监控软件

实时监控软件安装在各操作站节点中，通过各软件的相互配合，为用户提供多种实时监控界面，供操作人员实时监视现场生产装置的运行情况，并及时调整各种生产工艺参数，配合控制系统完成整个生产过程的自动化控制。实时监控软件中集中了所有与生产工艺有关的过程参数，使得操作人员在操作室即可完成生产任务。

实时监控软件包包括实时监控软件、报警管理软件、趋势管理软件、故障诊断软件、实时操作画面、操作记录离线查看软件等。

- 实时监控画面

实时监控软件是控制系统的上位机监控软件。如图 5-11 所示，通过鼠标和操作员键盘的配合使用，可以方便地完成各种监控操作。操作人员通过各种监控画面监视工艺对象的数据变化情况，发出各种操作指令来干预生产过程，从而保证生产系统正常运行。

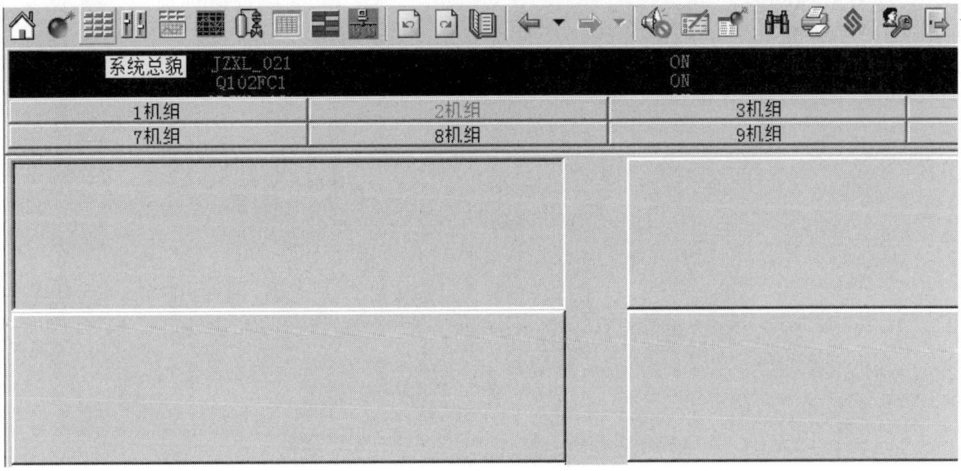


图 5-11　实时监控

● 报警管理

实时报警一览画面根据组态信息和工艺运行情况动态查找新产生的报警并显示符合条件的报警信息。如图 5-12 所示，画面中分别显示了报警序号、报警时间、位号名、实时值、报警描述、内容、优先级、确认时间和消除时间。

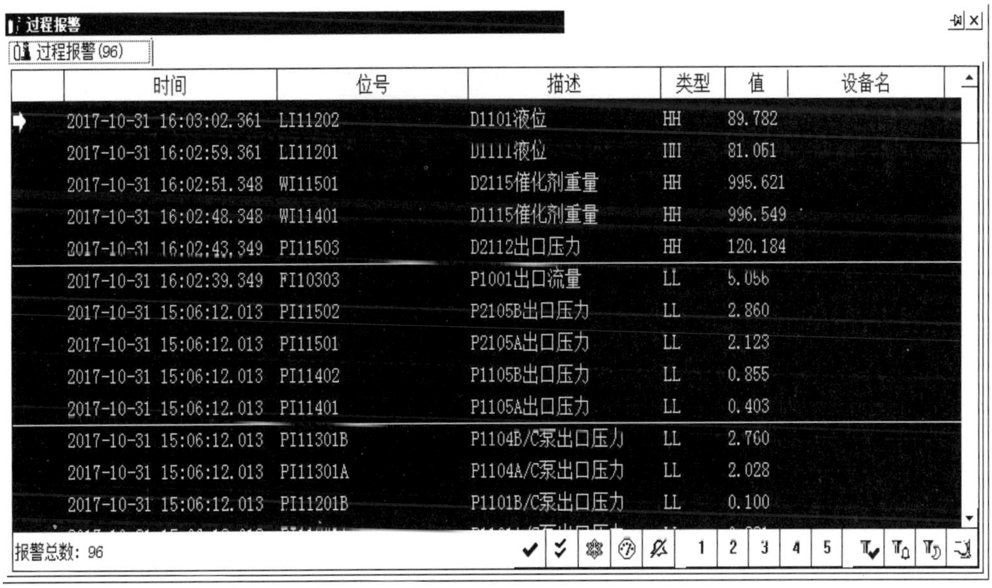


| 时间 | 位号 | 描述 | 类型 | 值 | 设备名 |
|---|---|---|---|---|---|
| 2017-10-31 16:03:02.361 | LI11202 | D1101液位 | HH | 89.782 | |
| 2017-10-31 16:02:59.361 | LI11201 | D1111液位 | HH | 81.051 | |
| 2017-10-31 16:02:51.348 | WI11501 | D2115催化剂重量 | HH | 995.621 | |
| 2017-10-31 16:02:48.348 | WI11401 | D1115催化剂重量 | HH | 996.549 | |
| 2017-10-31 16:02:43.349 | PI11503 | D2112出口压力 | HH | 120.184 | |
| 2017-10-31 16:02:39.349 | FI10303 | P1001出口流量 | LL | 5.056 | |
| 2017-10-31 15:06:12.013 | PI11502 | P2105B出口压力 | LL | 2.860 | |
| 2017-10-31 15:06:12.013 | PI11501 | P2105A出口压力 | LL | 2.123 | |
| 2017-10-31 15:06:12.013 | PI11402 | P1105B出口压力 | LL | 0.855 | |
| 2017-10-31 15:06:12.013 | PI11401 | P1105A出口压力 | LL | 0.403 | |
| 2017-10-31 15:06:12.013 | PI11301B | P1104B/C泵出口压力 | LL | 2.760 | |
| 2017-10-31 15:06:12.013 | PI11301A | P1104A/C泵出口压力 | LL | 2.028 | |
| 2017-10-31 15:06:12.013 | PI11201B | P1101B/C泵出口压力 | LL | 0.100 | |

图 5-12　报警管理

● 历史数据趋势管理

趋势画面根据组态信息和工艺运行的情况，以一定的时间间隔记录一个数据点，动态更新历史趋势图，并显示时间轴所在时刻的数据，如图 5-13 所示。

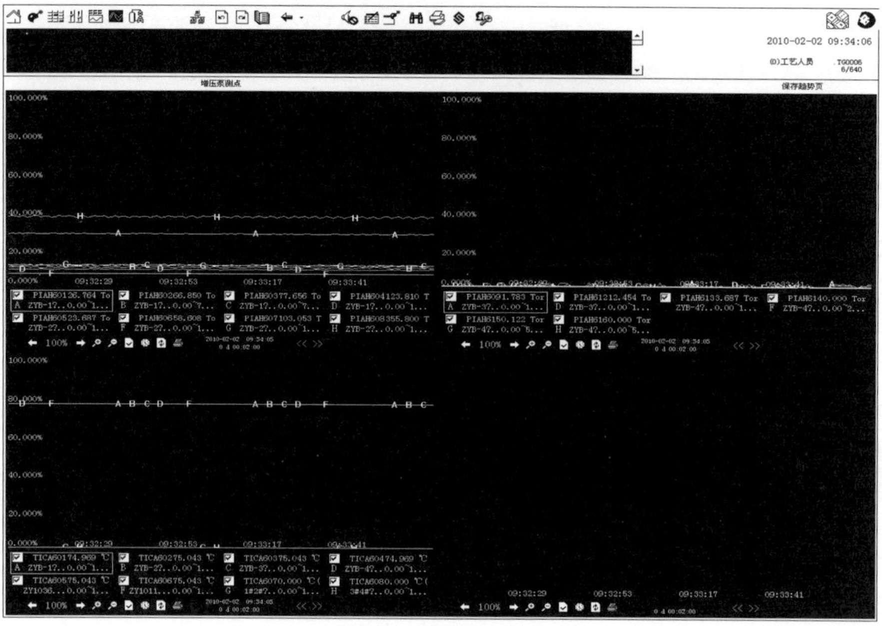

图 5-13 历史数据趋势管理

● 故障诊断画面

用于显示控制站硬件和软件运行情况的远程诊断结果，以便及时、准确地掌握控制站运行状况。在系统状态的下拉菜单中选择故障诊断项，弹出故障诊断画面如图 5-14 所示。

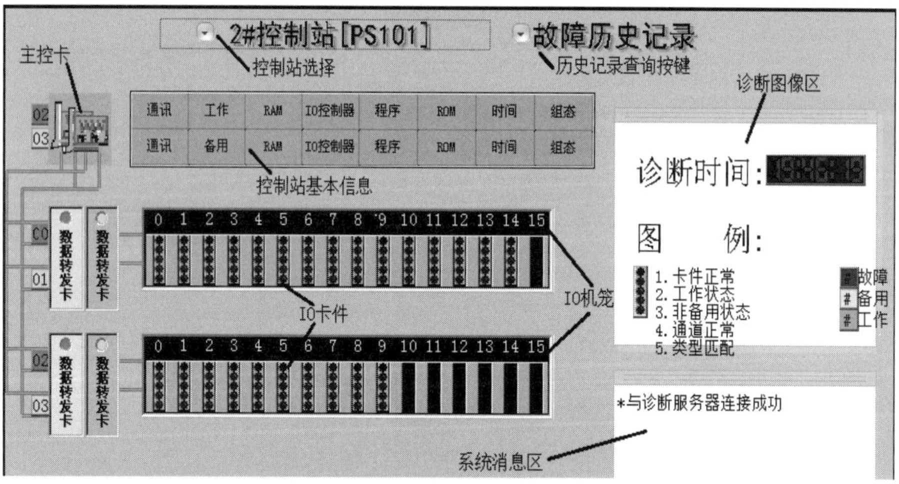


图 5-14 故障诊断软件

● 控制分组调整画面

控制分组画面，如图 5-15 所示，主要通过内部仪表的方式显示各个位号以及回路的各种信息。包括位号名、位号当前值、报警状态、当前值柱状显示、位号类型以及位号注释等信息。当操作人员拥有操作某项数据的权限及该数据可被修改时，可修改数据。

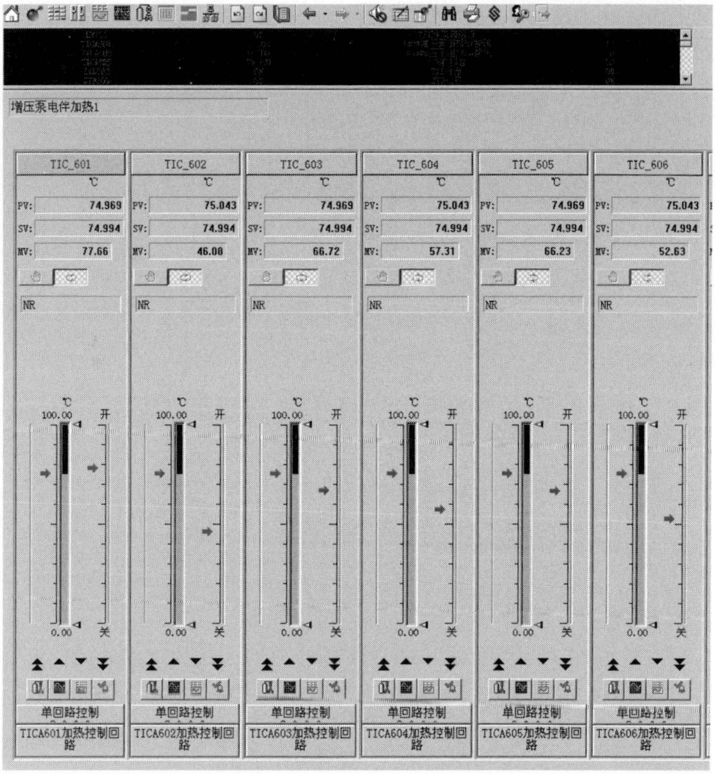


图 5-15　控制分组调整画面

● 操作记录一览画面

将监控画面中所有操作进行记录并提供给操作人员查看。如图 5-16 所示：操作记录一览分位号操作记录和系统操作记录两种方式显示。位号操作记录是指用户（或称为操作员）对整个系统进行的操作，包括系统设置和位号操作两个方面。系统操作记录是指系统内部的行为和动作，如运行策略、启动和关闭监控等操作。

日志记录一览

| 时间 | 数据组 | 数据区 | 位号 | 位号描述 | 操作前值 | 操作后值 | 操 |
|---|---|---|---|---|---|---|---|
| 2009-12-03 16:05:45 | 3A数据分组 | 1#数据分区 | ZKB1QML | ZKB-1泵启命令 | 关 | 开 | 流 |
| 2009-12-03 15:52:41 | 3A数据分组 | 1#数据分区 | AW5304KML | AW5304开命令 | 开 | 关 | 流 |
| 2009-12-03 15:52:37 | 3A数据分组 | 1#数据分区 | AW5204KML | AW5204开命令 | 开 | 关 | 流 |
| 2009-12-03 15:52:26 | 3A数据分组 | 1#数据分区 | AW5204KML | AW5204开命令 | 关 | 开 | 流 |
| 2009-12-03 15:52:18 | 3A数据分组 | 1#数据分区 | AW5304KML | AW5304开命令 | 关 | 开 | 流 |
| 2009-12-03 15:47:47 | 3A数据分组 | 1#数据分区 | AW5104KML | AW5104开命令 | 开 | 关 | 流 |
| 2009-12-03 15:47:34 | 3A数据分组 | 1#数据分区 | AW5104KML | AW5104开命令 | 关 | 开 | 流 |
| 2009-12-03 15:47:23 | 3A数据分组 | 1#数据分区 | AW5101KML | AW5101开命令 | 开 | 关 | 流 |
| 2009-12-03 15:47:15 | 3A数据分组 | 1#数据分区 | AW5104KML | AW5104开命令 | 开 | 关 | 流 |
| 2009-12-03 15:45:44 | 3A数据分组 | 1#数据分区 | AW5301KML | AW5301开命令 | 开 | 关 | 流 |
| 2009-12-03 15:45:39 | 3A数据分组 | 1#数据分区 | AW5301KML | AW5301开命令 | 关 | 开 | 流 |
| 2009-12-03 15:45:31 | 3A数据分组 | 1#数据分区 | AW5304KML | AW5304开命令 | 开 | 关 | 流 |
| 2009-12-03 15:44:55 | 3A数据分组 | 1#数据分区 | AW5304KML | AW5304开命令 | 关 | 开 | 流 |
| 2009-12-03 15:44:10 | 3A数据分组 | 1#数据分区 | AW5301KML | AW5301开命令 | 开 | 关 | 流 |
| 2009-12-03 15:44:04 | 3A数据分组 | 1#数据分区 | AW5304KML | AW5304开命令 | 开 | 关 | 流 |
| 2009-12-03 15:43:53 | 3A数据分组 | 1#数据分区 | AW5304KML | AW5304开命令 | 关 | 开 | 流 |
| 2009-12-03 15:43:45 | 3A数据分组 | 1#数据分区 | AW5301KML | AW5301开命令 | 关 | 开 | 流 |
| 2009-12-03 15:22:34 | 3A数据分组 | 1#数据分区 | AW5301KML | AW5301开命令 | 开 | 关 | 流 |
| 2009-12-03 15:22:29 | 3A数据分组 | 1#数据分区 | AW5301KML | AW5301开命令 | 关 | 开 | 流 |
| 2009-12-03 15:22:20 | 3A数据分组 | 1#数据分区 | AW5301KML | AW5301开命令 | 开 | 关 | 流 |
| 2009-12-03 15:22:14 | 3A数据分组 | 1#数据分区 | AW5304KML | AW5304开命令 | 开 | 关 | 流 |
| 2009-12-03 15:21:51 | 3A数据分组 | 1#数据分区 | AW5204KML | AW5204开命令 | 开 | 关 | 流 |
| 2009-12-03 15:21:39 | 3A数据分组 | 1#数据分区 | AW5201KML | AW5201开命令 | 开 | 关 | 流 |
| 2009-12-03 15:21:18 | 3A数据分组 | 1#数据分区 | ZKB1QML | ZKB-1泵启命令 | 开 | 关 | 流 |
| 2005 12 00 10:01:09 | 3A数据分组 | 1#数据分区 | ZKB1QML | ZKB-1泵启命令 | 关 | 开 | 流 |
| 2009-12-03 15:20:27 | 3A数据分组 | 1#数据分区 | ZKB3QML | ZKB-3泵启命令 | 开 | 关 | 流 |

NO. 位号操作记录　页 (1/1)　总记录数:100 查询完成

关闭

图 5-16　操作记录一览画面

### 5.1.5 DCS 系统的特点

（1）可靠性高

● 冗余的系统结构

系统应用冗余的供电系统、冗余的通信网络、互为备用的操作员站、冗余控制站和冗余的输入/输出模块来保证系统的连续正常运行。任一路电源故障不会影响系统的整体供电，任意单一部件的故障不影响系统的正常运行。在冗余配置情况下，模块可以快速在线无扰切换，无需任何人工干预。

● 高可靠性部件

模块具有在线自诊断，具有面板指示灯进行状态提示。DCS 系统可以分析故障位置到 I/O 通道级；通过维护软件还可观察每个故障的详细信息。所有模块都支持热插拔，允许在线更换故障模块；并可在线增减 I/O 模块，无需系统重启。所有现场侧信号与系统侧采用光电隔离，保证故障对系统的影响最小。

（2）开放性好

● 开放的网络结构

在系统操作层，采用冗余以太网，支持光纤、同轴电缆和双绞线；在现场控制层，采用总线方式连接主控单元和各 I/O 处理模块。

具备开放的体系结构，具有多层开放数据接口，开放式、标准化、模块化和系列化设计，支持 HART、PROFIBUS、MODBUS 等现场总线协议，并提供相应现场总线接口模块，实现与第三方设备智能单元如 PLC、智能仪表等连接。

● 开放的操作系统

系统采用主流操作系统，并提供 ODBC 和 OPC 接口，保证系统软件的开放性和高性能的人机界面要求，控制站采用成熟的实时多任务软件以确保控制系统的实时性、安全性和可靠性。控制站的软件固化在半导体盘中，而实时数据存储在带掉电保护 SRAM 中，满足控制系统、安全、实时性要求。

（3）算法组态灵活性强、功能齐全

算法组态模块化，从而方便地构成所需的控制系统。通过组态软件根据不同的流程应用对象进行软硬件组态，即确定测量与控制信号及相互间连接关系、从控制算法库选择适用的控制规律以及从图形库调用基本图形组成所需的各种监控和报警画面，从而方便地构成所需的控制系统。控制算法丰富，可实现常用控制策略，也可实现串级、前馈、解耦、自适应和预测控制等先进控制，并可方便地加入所需的特殊控制算法。

（4）易于维护

功能单一的小型或微型专用计算机，具有维护简单、方便的特点，当某一局部或某个计算机出现故障时，可以在不影响整个系统运行的情况下在线更换，迅速排除故障。

（5）协调性好

各工作站之间通过通信网络传送各种数据，整个系统信息共享，协调工作，以完成控制系统的总体功能和优化处理。

# 5.2　可编程控制器

可编程控制器（Programmable Logic Controller，PLC）是以微处理器为核心，综合计算机技术、通信技术和自动控制技术发展起来的一种通用工业自动控制装置。它采用可编程序的存储器，用于在其内部存储执行逻辑运算、顺序控制、定时、计数和算术运算等操作的指令，并通过数字、模拟的输入和输出，控制各种类型的机械或生产过程。

离心法铀浓缩工厂生产系统中，配套了很多基于 PLC 控制的工艺设备，如空调机组、压空机组、冷风箱、加热箱等，基本上涵盖了全部的主、辅工艺生产系统。

## 5.2.1　可编程控制器基本概念

PLC 是一种工业控制用的专用计算机，它的组成与一般微型计算机系统基本相同，也是硬件系统和软件系统两大部分组成。具有更强的与工业过程相连接的输入/输出接口，具有更适合用于控制要求的编程语言，更适应于工业环境的抗干扰性能。PLC 的硬件系统由主机系统、输入/输出扩展环节及外部设备组成，软件系统由系统程序和用户程序两大部分组成。

PLC 采用周期扫描机制，简化了程序设计，提高了系统可靠性。具体表现在：在一个扫描周内，前面执行的任务结果立即就可被后面将要执行的任务所用。可以通过设定一个监视定时器来监视每个扫描周期的时间是否超过规定值，避免某个任务进入死循环而引起故障。PLC 的工作方式是周期扫描方式，所以其输入/输出过程是定时进行的，即在每个扫描周期内只进行一次输入和输出的操作。

PLC 为用户提供了完整的编程语言，以适应编制用户程序的需要。PLC 提供的编程语言通常包括以下几种：梯形图（LAD）、指令表（STL）、顺序功能流程图（SFC）和功能块图（FBD）等。

PLC 的生产厂家很多，市场上常见的 PLC 主要包括西门子、欧姆龙、三菱等系列产品，几乎涉及工业自动化领域的厂商都会有其 PLC 产品提供。

## 5.2.2　可编程控制器基本结构

可编程控制器其硬件基本结构如图 5-17 所示。

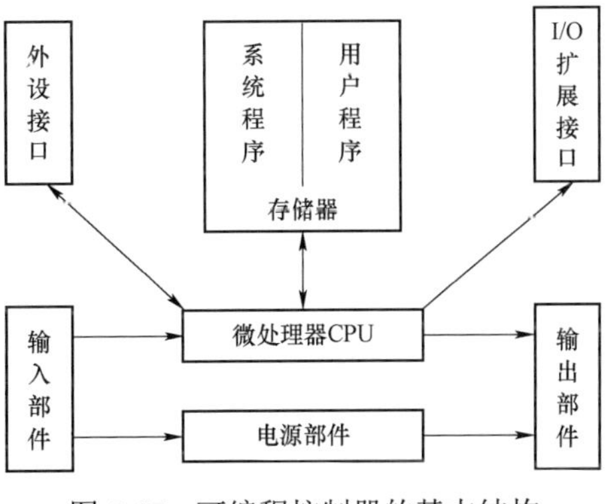


图 5-17　可编程控制器的基本结构

（1）电源：可编程控制器的电源在整个系统中起着十分重要的作用。如果没有一个良好的、可靠的电源系统是无法正常工作的。

（2）中央处理单元（CPU）

中央处理单元（CPU）是可编程逻辑控制器的控制中枢。它按照可编程逻辑控制器系统程序赋予的功能接收并存储从编程器键入的用户程序和数据；检查电源、存储器、I/O以及警戒定时器的状态，并能诊断用户程序中的语法错误。当可编程控制器投入运行时，首先它以扫描的方式接收现场各输入装置的状态和数据，并分别存入I/O影响区，然后从用户程序存储器中逐条读取用户程序，经过命令解释后按指令的规定执行逻辑或算数运算的结果送入I/O影响区或数据寄存器内。

一些大型可编程逻辑控制器采用双CPU构成冗余系统，或采用三CPU的表决式系统。这样，即使某个CPU出现故障，整个系统仍能正常运行。

（3）存储器

存放系统软件的存储器称为系统程序存储器。存放应用软件的存储器称为用户程序存储器。

（4）输入输出接口电路

现场输入接口电路有光耦合电路和微机的输入接口电路，作用是可编程逻控制器与现场控制的接口界面的输入通道。

现场输出接口电路由输出数据寄存器、选通电路和中断请求电路集成，作用可编程逻辑控制器通过现场输出接口电路向现场执行部件输出相应的控制信号。

### 5.2.3 可编程控制器工作原理

当可编程控制器投入运行后，其工作过程一般分为三个阶段，即输入采样、用户程序执行和输出刷新三个阶段。完成上述三个阶段称作一个扫描周期。在整个运行期间，可编程逻辑控制器的CPU以一定的扫描速度重复执行上述三个阶段。

（1）输入采样阶段

在输入采样阶段，可编程逻辑控制器以扫描方式依次地所有输入状态和数据，并将它们存入I/O映像区中的相应的单元和输出刷新阶段。在这两个阶段中，即使输入状态和数据发生变化，I/O映像区中的相应单元的状态和数据也不会改变。因此，如果输入是脉冲信号，则该脉冲信号的宽度必须大于一个扫描周期，才能保证在任何情况下，该输入均能被读入。

（2）用户程序执行阶段

在用户程序执行阶段，可编程控制器总是按由上而下的顺序依次地扫描用户程序（梯形图）。在扫描每一条梯形图时，又总是先扫描程序左边的由各触点构成的控制线路，并按先左后右、先上后下的顺序对由触点构成的控制线路进行逻辑运算，然后根据逻辑运算的结果，刷新该逻辑线圈在系统RAM存储区中对应位的状态，或者确定是否要执行该梯形图所规定的特殊功能指令。

（3）输出刷新阶段

当扫描用户程序结束后，可编程逻辑控制器就进入输出刷新阶段。在此期间，CPU

按照 I/O 映像区内对应的状态和数据刷新所有的输出锁存电路，再经输出电路驱动相应的外设。这时，才是可编程逻辑控制器的真正输出。

### 5.2.4 可编程控制器的基本控制功能

可编程控制器 PLC 具备以下基本控制功能：

（1）开关逻辑和顺序控制

这是 PLC 应用最广泛、最基本的场合。它的主要功能是完成开关逻辑运算和进行顺序逻辑控制，从而可以实现各种简单或十分复杂的控制要求。

（2）模拟控制

在工业生产过程中，有许多连续变化的需要进行控制的物理量，如温度、压力、流量、液位等。为了实现工业领域对模拟量控制的广泛要求，目前大部分 PLC 产品都具备处理这类模拟量的功能。特别是当系统那个中模拟量点数不多，同时又混有开关量控制时，PLC 具有其他控制装置无法比拟的优势。

（3）定时控制

PLC 具有超强的定时、计数功能，它可以为用户提供数十甚至上百个定时器与计数器。

（4）数据处理

不仅能进行算数运算、数据传送，还能进行数据比较、数据转换、数据显示打印等功能。

（5）信号联锁系统

信号联锁是安全生产所必须的。

（6）通信联网

把 PLC 作为下位机，与上位机或同级的可编程控制器进行通信，可完成数据的处理和信息的交换，实现对整个生产过程的信息控制和管理，因此 PLC 是实现工厂自动化的理想工业控制器。

### 5.2.5 可编程控制器的特点

（1）易学易用，使用方便

PLC 作为通用工业控制计算机，是面向工矿企业的工控设备。它接口容易，编程语言易于为工程技术人员接受。梯形图语言的图形符号与表达方式和继电器电路图相当接近，只用 PLC 的少量开关量逻辑控制指令就可以方便地实现继电器电路的功能。为不熟悉电子电路、不懂计算机原理和汇编语言的人使用计算机从事工业控制打开了方便之门。

（2）功能性强，性能价格比高

一台小型 PLC 内有成百上千个可供用户使用的编程元件，有很强的功能，可以实现非常复杂的控制功能。它与相同功能的继电器系统相比，具有很高的性价比。PLC 可以通过通信联网，实现分散控制，集中管理。

（3）硬件配套标准化、系列化、模块化，使用方便，适应性强

PLC 已经形成了大、中、小各种规模的系列化产品，并且已经标准化、系列化、模块化，配备有品种齐全的各种硬件装置供用户选用，用户能灵活方便地进行系统配置，组成不同功能、不同规模的系统。PLC 的安装接线也很方便，一般用接线端子连接外部接线。

PLC 有较强的带负载能力，可直接驱动一般的电磁阀和交流接触器，可以用于各种规模的工业控制场合。除了逻辑处理功能以外，现代 PLC 大多具有完善的数据运算能力，可用于各种数字控制领域。

（4）可靠性高，抗干扰能力强

传统的继电器控制系统使用了大量的中间继电器、时间继电器，由于触点接触不良，容易出现故障。PLC 软件代替大量的中间继电器和时间继电器，仅剩下与输入和输出有关的少量硬件元件，接线大大减少。

PLC 由于采用现代大规模集成电路技术，采用严格的生产工艺制造，内部电路采取了先进的抗干扰技术，自身也具有很高的可靠性。

（5）容易改造，维修方便

系统的设计、安装、调试工作量小，维护方便，容易改造。PLC 的梯形图程序一般采用顺序控制设计法。这种编程方法很有规律，很容易掌握。对于复杂的控制系统，梯形图的设计时间比设计继电器系统电路图的时间要少得多。

PLC 用存储逻辑代替接线逻辑，大大减少了控制设备外部的接线，使控制系统设计及建造的周期大为缩短，同时维护也变得容易起来。更重要的是使同一设备经过改变程序改变生产过程成为可能。这很适合多品种、小批量的生产场合。

PLC 故障率很低，且有完善的自诊断和显示功能。PLC 或外部的输入装置和执行机构发生故障时，可以根据 PLC 上的发光二极管或编程器提供的信息迅速地查明故障原因，用更换模块的方法可以迅速地排除故障。

（6）体积小，重量轻，能耗低

以超小型 PLC 为例，新近出产的品种底部尺寸小于 100 mm，仅相当于几个继电器的大小，因此可将开关柜的体积缩小到原来的 1/2～1/10。它的重量小于 150 g，功耗仅数瓦。由于体积小很容易装入机械内部，是实现机电一体化的理想控制器。

# 5.3　现场总线

现场总线（Field bus）是近年来迅速发展起来的一种工业数据总线，它主要解决工业现场的智能化仪器仪表、控制器、执行机构等现场设备间的数字通信以及这些现场控制设备和高级控制系统之间的信息传递问题。由于现场总线简单、可靠、经济实用等一系列突出的优点，从问世开始就在生产过程自动化领域引起极大的关注。

在离心法铀浓缩工厂主辅工艺过程检测和控制系统的现场设备层，普遍都用到了现场总线技术，工厂自动化、智能化要求加强各种测控设备（计算机、DCS、单回路调节器、PLC 等）之间的通信能力实现系统级的数据集成，实现设备间的互联互通，使检测和控制系统朝着综合性、开放性方向发展。近年来，工厂的信息系统集成需求也正在迅速增长，对工业数据通信的开放性、对底层控制网络的功能及性能也都提出了更高的要求。

## 5.3.1　现场总线的概念

现场总线是用于现场仪表、执行器与控制系统之间的一种全分散、全数字化、智能、双向、互联、多变量、多点、多站的通信网络。根据国际电工委员会IEC61158标准定义，现场总线是一种应用于生产现场，在现场设备之间、现场设备与控制装置之间实行双向、串行、多节点数字通信的技术。

参见图5-18，传统模拟控制系统采用一对一的并行连线，按控制分别进行连接。位于现场的测量变送器与位于控制室的控制器之间，控制器与位于现场的执行器、开关、马达之间均为一对一的物理连接，每个装置需单独使用一条线，因此形成了庞大的线束。由于现场布线的复杂性，因此传统控制系统在设计之初就需一次性规划好布线的数量和走向，一旦实施就具有刚性，不便于调整和维护，增大了投入的门槛，不利于滚动发展。

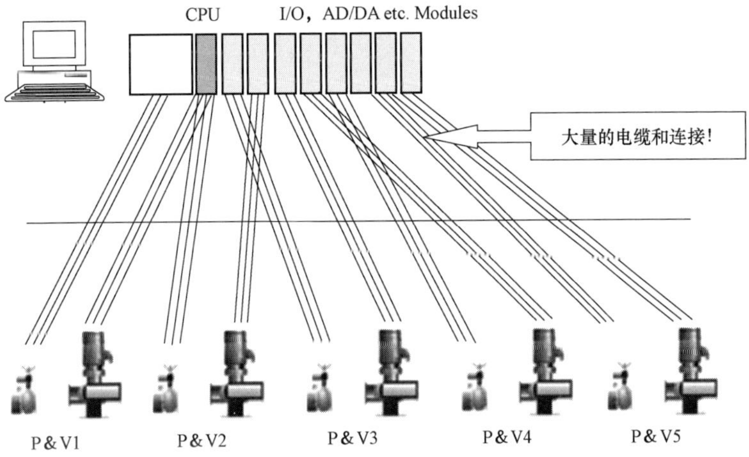


图5-18 传统模拟控制系统现场设备连线示意图

参见图5-19，现场总线系统由于采用智能现场设备，能够把传统控制系统中处于控制室的控制模块、I/O模块和通信模块移置到现场设备中，使现场设备能够在一条总线上串行连接起来直接传送信号，完成控制功能。这样一来，系统布线就由几十条、上百条甚至于上千条简化为一条，不仅简化了设计施工，方便了修理维护，也降低了系统投入的门槛，大大提高了可靠性和灵活性。因为增减现场设备只需直接将设备挂上总线或将设备从总线取下即可，不必另行布线。

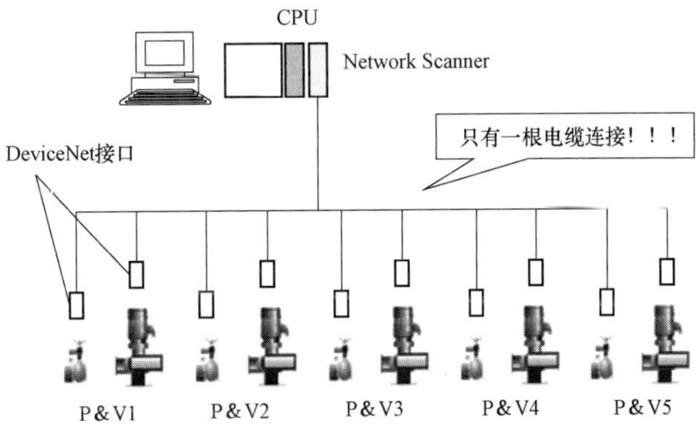


图5-19 现场总线系统现场设备连线示意图

### 5.3.2 现场总线的主要特点

现场总线在体系结构上成功实现了串行连接，一举克服并行连接的许多不足。在技术层面上成功解决了开放竞争和设备兼容两大难题，实现了现场设备智能化和控制系统分散化两大目标。

#### 5.3.2.1 现场总线控制系统技术特点

（1）开放性

传统的控制系统是个自我封闭的系统，一般只能通过工作站的串口或并口对外通信。现场总线的开放性有几层含义：

一是指相关标准的一致性和公开性。一致开放的标准有利于不同厂家设备之间的互连与替换。

二是系统集成的透明性和开放性，用户进行系统设计、集成和重构的能力大大提高。

三是产品竞争的公正性和公开性，用户可按自己的需要和评价，选用不同供应商的产品组成大小随意的系统。

（2）交互性

一是指上层网络与现场设备之间具有相互沟通的能力。

二是指现场设备之间具有相互沟通能力，也就是具有互操作性。

三是指不同厂家的同类设备可以相互替换，也就是具有互换性。

（3）自治性

由于智能仪表将传感测量、补偿计算、工程量处理与控制等功能下载到现场设备中完成，因此一台单独的现场设备即具有自动控制的基本功能，可以随时诊断自己的运行状况，实现功能的自治。

（4）适应性

安装在工业生产第一线的现场总线是专为恶劣环境而设计的，对现场环境具有很强的适应性。具有防电、防磁、防潮和较强的抗干扰能力，可满足本质安全防爆要求，可支持多种通信介质，如双绞线、同轴电缆、光缆、射频、红外线、电力线等。

（5）可靠性

现场总线在选用相同的通信协议情况下，只要选择合适的总线网卡、插口与适配器即可实现互连设备间、系统间的信息传输与沟通，大大减少接线与查线的工作量，有效提高控制的可靠性。

#### 5.3.2.2 现场总线控制系统体系结构的特点

（1）基础性

在企业实施信息集成、实现综合自动化的进程中，作为厂底层网络的现场总线是一种能在现场环境运行的可靠、实时、廉价、灵活的通信系统，能够有效地集成到 TCP/IP 信息网络中，现场总线是企业强有力的控制和通信的基础设施。

（2）灵活性

现场总线打破了传统控制系统的结构形式，使控制系统的设计、建设、维护、重组和扩容更加灵活简便。

（3）分散性

由于现场总线中智能现场设备具有高度的自治性，因而控制系统功能可以不依赖控制室的计算机或控制仪表而直接在现场完成，实现了彻底的分散控制。另外，由于现场设备具有网络通信功能，这使得把不同网络中的现场设备和不同地理范围中的现场设备组成一个控制系统成为可能。

因此，现场总线已构成一种新的全分散性控制系统的体系结构，具有高度的分散性。

（4）经济性

由于现场总线通信用数字信号替代了模拟信号，因而可通过复用技术在一条总线上传输多个信号，同时还可在这条总线上为现场设备供电，原来的大量集中式 I/O 部件均可省去。这就为简化控制系统的体系结构，节约硬件设备和连接电缆提供了可能，并将各种安装和维护费用降至最低。

另外，由于投入门槛的降低和重构灵活性的提高，使得现场总线的资产投入不会产生沉淀而浪费，大大提高了经济性。

最后，由于现场设备的开放性，设备价格不会被厂家垄断；由于现场设备的互换性，备品库也可大大降低。

### 5.3.3　现场总线的通信协议

工业控制现场底层网络的现场总线，要构成开放的互连系统，必须考虑到工业生产现场状况，即存在大量的传感器、控制器、执行器等，它们通常相当零散地分布在一个较大范围内。

对由它们组成的工业控制底层网络，其单个节点面向控制的信息量不大，信息传输的任务相对也比较简单，但对实时性、快速性的要求较高。

在满足实时性要求的基础上，同时考虑工业网络的低成本性，现场总线采用的通信模型大都在 OSI 模型的基础上进行了不同程度的简化。

现场总线通信协议基本遵照 ISO/OSI 参考模型，主要实现第 1、2、7 层功能，即物理层、数据链路层、应用层。

（1）物理层

采用 EIA-RS232、EIA-RS422/RS485 等协议。由于在某些情况下，现场传感器、变送器要从现场总线“窃取”电能作为它们的工作电源，因此对总线上数字信号的强度（驱动能力）、传输速率、信噪比以及电缆尺寸、线路长度等都提出一定要求。

（2）数据链路层

考虑到现场设备故障较多，更换频繁，所以数据链路层媒体访问控制多采用受控访问（包括轮询和令牌）协议，通常，各 PCU、PLC 作为主站，传感器、变送器等作为从站。另外，须支持点-点、点-多点和广播通信方式。

（3）应用层

解决应用什么样的高级语言（或过程控制语言）来作为面向用户的编程（或组态）语言，其中包括设备名称、网络变量与配置（捆绑）关系，参数与功能调用及相关说明等，一般应具有符合 IEC1131-3 标准的图形用户界面（GUI）。

### 5.3.4 常用的几种现场总线技术

（1）CAN 总线

最早由德国 BOSCH 公司推出，它广泛用于离散控制领域，其总线规范已被 ISO 国际标准组织制定为国际标准，得到了 Intel、Motorola、NEC 等公司的支持。CAN 协议分为二层：物理层和数据链路层。CAN 的信号传输采用短帧结构，传输时间短，具有自动关闭功能，具有较强的抗干扰能力。CAN 支持多主工作方式，并采用了非破坏性总线仲裁技术，通过设置优先级来避免冲突，通讯距离最远可达 10 kmM/5 kbps/s，通讯速率最高可达 40 M/（1 Mbp/s），网络节点数实际可达 110 个。目前已有多家公司开发了符合 CAN 协议的通信芯片。

在离心法铀浓缩工厂中，部分主机转速测量系统的集成架构上，采用了 CAN 总线通信技术。

（2）PROFIBUS 总线

PROFIBUS 是德国标准（DIN19245）和欧洲标准（EN50170）的现场总线标准。由 PROFIBUS-DP、PROFIBUS-FMS、PROFIBUS-PA 系列组成。DP 用于分散外设间高速数据传输，适用于加工自动化领域。FMS 适用于纺织、楼宇自动化、可编程控制器、低压开关等。PA 用于过程自动化的总线类型，服从 IEC1158-2 标准。PROFIBUS 支持主-从系统、纯主站系统、多主多从混合系统等几种传输方式。PROFIBUS 的传输速率为 9.6 kbit/s 至 12 Mbit/s，最大传输距离在 9.6 kbit/s 下为 1 200 m，在 12 Mbit/s 小为 200 m，可采用中继器延长至 10 km，传输介质为双绞线或者光缆，最多可挂接 127 个站点。

在离心法铀浓缩工厂中，很多工艺设备控制器采用了西门子可编程控制器，在实现与工艺控制系统的互联时，普遍采用了 PROFIBUS—DP 总线通信技术。

## 5.4 级联工艺过程检测和控制系统

### 5.4.1 系统概述

级联工艺系统是离心法铀浓缩工艺生产线的核心工艺系统，由机组及机组间管道系统（也称机组系统）、串级间管道系统（也称料流系统）及辅助系统三个子系统组成。其中的辅助系统包括卸料系统、抽空系统、氟利昂处理系统、气体吹洗系统、仪表和调节器零位系统及调节器压缩空气系统、冷却水系统等几部分。工艺系统中的主要工艺设备有主机、电动阀、补压机、电调阀、调节器、增压泵、真空泵、仪表等。级联工艺过程检测和控制系统就是通过对所有设备、仪表的监测和控制来实现工艺系统的安全、稳定运行。

拥有多条生产线的离心法铀浓缩工厂其级联工艺系统建造时间跨度都比较大，因此各生产线级联工艺系统使用的主要设备型号、数量布局、工艺结构、生产能力等方面各不相同，但功能、作用基本保持一致，各生产线级联工艺系统总体上独立运行。

级联工艺过程检测和控制系统均与主工艺系统配套同步建设，受建设时技术、资金、设计思路等条件制约，各生产线自控系统也有所差别。技术上既有采用仪表、数字逻辑控制单元组成的自控仪表系统，也有采用计算机控制的 DCS 集散系统。但无论是哪种控制系统，其工艺需求输入、控制逻辑及实现的功能是一致的。

近年来，随着专用仪表、电动调节阀等先进工艺测控设备的成功研发，不断对工艺系统进行技术改造，并引入了工业互联网及数据分析技术，遵从集中管理、分散控制的原则设计，大幅提升了级联工艺过程检测和控制系统的自动化水平。

基于 DCS 系统设计的级联工艺过程检测和控制系统监控覆盖全部级联工艺系统，实现级联工艺参数集中显示、分散控制。将传统的仪表控制系统上升到计算机过程控制系统，应用智能化的自动控制理念以及可靠的工艺参数监测和安全保护措施，构筑了满足级联工艺生产要求的自动化控制系统。

## 5.4.2　工艺系统组成及控制要求

### 5.4.2.1　机组系统

来自供取料厂房的原料通过级联中离心机的高速旋转进行分离后，生产出相应的精料和贫料，机组为级联工艺系统中最小的生产单元，根据工艺结构的不同需求，每个级联中工艺机组和下辖工艺区段的数量存在一定的差异，但工艺结构和控制策略基本一致。

每个工艺区段具有 7 个电动阀门，区段示意图见图 5-20，其中 S01、S02、S03 分别为供料、贫料和精料管线的电动截止阀。在正常生产工况下，上述三个电阀处于全开位置，S04（或 S14）、S05（或 S15）、S06（或 S16）为卸料电阀处于全关位置（S04（或 S14）、S05（或 S15）打开为主线卸料状态；S04（或 S14）、S06（或 S16）打开则为备线卸料状态）。S07（或 S17）为区段抽空电阀，仅在抽空工况下打开。每个区段在精料管道上还配置有一台补压机，用于增加管道压力。

每个区段贫料和精料管道上配置有两个压力测点，供精贫管道上分别配置一个轻杂质事故保护传感器，卸料管道上配置一个逆流保护传感器，区段主机冷却水管道上配置一个回水温度传感器。贫料压力或任何一个轻杂质事故保护传感器参数超过门限值或者区段出现主机转速事故保护后要关闭区段并卸料，同时联锁当前机组中的其他区段关闭；逆流保护传感器参数超过门限值后，将禁止当前区段卸料，其他传感器参数超过门限值时，仅产生对应的报警信号。

结合主工艺系统级联结构的差异，每个工艺机组中所下辖的区段数量不尽相同，各个区段的测控点配置和保护功能则完全相同。每个工艺机组中配置有 7 个电阀（精料端机组 8 个电阀），在正常工况下 S01、S02、S03、S04 电阀处于全开状态，S05、S06、S12 处于关闭状态。当机组关闭并旁连时，S05、S06、S12 处于全开状态（S12 可远控关闭），S01、S02、S03、S04 电阀处于全关状态。

每个机组（见图 5-21）本地配置一级供、精、贫，二级供、精、贫压力各一个测点，部分机组在机组旁通精料和贫料管道上各配置有一个压力测点，供料和贫料压力测点数值超过门限值，机组需要旁连并关闭。机组精料和贫料管道上分别配置一个轻杂质事故保护测点，其中的任何一个测点数值超过门限，机组旁连并关闭；机组关闭时该机组所含区段将随之关闭，但不卸料；机组本地还配置一个相对轻杂质测点，参与报警。每个机组本地还配置有一个或者两个层架空气温度测点，便于对厂房温度进行监测。

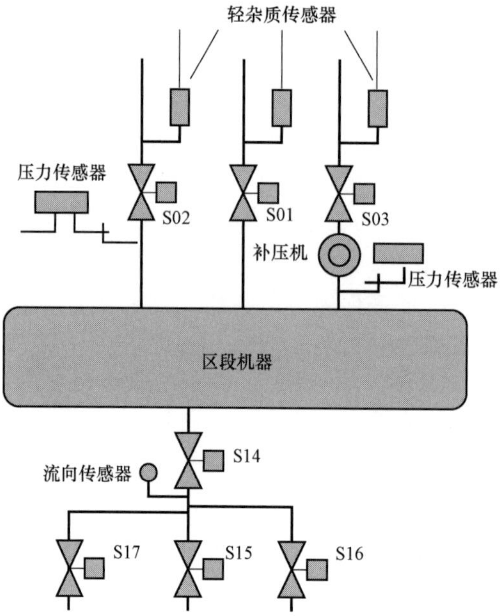


图 5-20　区段示意图

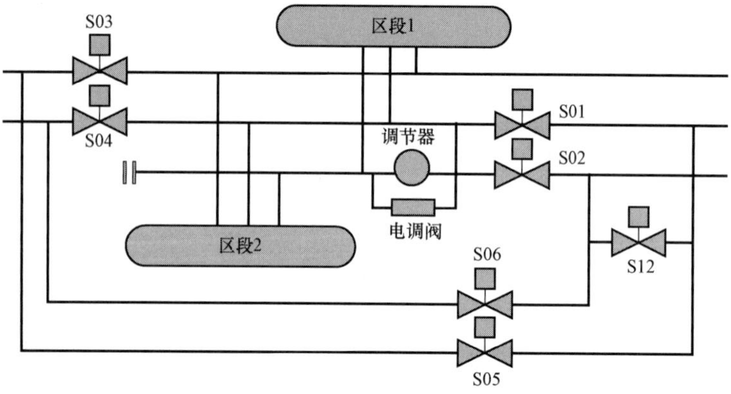


图 5-21　机组示意图

1. 主要监控参数

大厅空气温度、大厅湿度、区段每列冷却水回水温度、机组精料干管压力及区段精料的补压机前压力、机组中区段的精料干管上轻杂质含量变化、机组精料干管上轻杂质含量变化、每个区段的精料干管压力等。

机组内的每个区段的贫料干管压力、精料干管压力、机组供贫干管上压力、机组上每个区段的供精贫料干管上轻杂质含量变化、机组精贫料干管上轻杂质含量变化、机组供料干管上轻杂质含量变化、机组上每个区段抽空与卸料综合干管区段逆流保护、机组上抽空与卸料综合干管区段逆流保护。

2. 主要远控功能

（1）机组调节器、电动调节阀的整定；

（2）机组、区段阀门的控制；

（3）机组补压机的启动、停车操作；

（4）区段供电接通及断开的操作；

（5）专用传感器供电、断电操作。

3. 主要联锁控制

（1）机组系统内部主要联锁关系

机组压力事故保护传感器、轻杂质事故保护传感器超过规定的事故保护动作限值时，形成机组事故保护信号 A1；流向传感器动作时，形成流向事故保护信号 A2；区断事故保护传感器动作或离心机成组失步（或成组损坏）加 1 台失步，形成区段事故保护信号 A3；当机组产生 A1、A2、A3 事故保护信号时，机组自控系统将自动执行以下联锁保护动作：

- A1

当有区段机组出现 A1 信号且未屏蔽时，机组关闭并旁联，同时关闭机组中的所有区段但不卸料，当事故保护信号消失但并未解锁时，机组的 S01～S04 阀和区段的 S01～S03 阀不能打开。当无区段机组出现 A1 且未屏蔽时，机组关闭并旁联，同时进行卸料并打开机组的 S12 阀，有 S10 及 S14 回流阀时，同时打开 S10 及 S14 阀。

- A2

当机组出现 A2 信号且未屏蔽时，禁止打开区段 S04～S07（或 S14～S17）阀，如果已经打开则关闭。

- A3

当区段出现 A3 信号且未屏蔽时，本区段关闭并卸料、机组关闭、本机组的其他区段关闭但不卸料。

机组内部的阀门联锁：

- 机组 S05、S06 阀门打开的情况下，才可以关闭机组 S01～S04 阀；
- 机组 S01～S04 阀任意一个出现关闭信号时，机组 S05、S06、S12 阀自动打开；
- 对于无区段机组，只有 S01～S04 阀和 S11A～S44A 阀中任何一组关闭，才可以打开抽空或卸料阀。

（2）区段内部的联锁

禁止同时打开区段卸料和抽空系统管线上的 S05（或 S15）、S06（或 S16）、S07（或 S17）阀门，以防上述系统连接在一起；

- 区段 S04（或 S14）、S05（或 S15）、S06（或 S16）、S07（或 S17）阀门关闭时，发出紧急卸料命令后，流向事故保护传感器自动被屏蔽；
- 区段 S04（或 S14）阀关闭时，本区段 S01～S03 阀可以随意打开；
- 区段 S03 阀关闭，联锁停止区段补压机。

（3）变电站失电保护

机组控制系统检测到工厂变电站 10 kV 失电信号后，执行失电保护程序：同时屏蔽机组及区段除流向事故保护传感器以外的所有事故保护传感器，关闭所有串级间管线，按程序依次对所有机组、区段进行卸料。

（4）卸料干管压力超限保护

出现辅助系统卸料干管压力超限保护信号时，禁止卸料（奇线压力事故保护时禁止奇数区段主线卸料，偶线压力事故保护时禁止偶数区段主线卸料，备线压力事故保护是禁止所有区段备线卸料）。

### 5.4.2.2 串级间管道系统

串级间管道系统又称料流系统，用于将供取料厂房供料送入级联工艺系统的机组中，并将工艺机组中生产出来的精料和贫料再送回供取料厂房。在多层架级联中，串级间管道系统还担负着层架间的物料传输任务。每套级联工艺生产系统中按工艺要求串级间管道系统配置数个串级间单元，每个串级间单元均有两条工艺设备、测点完全相同的管路，分别称为主线、备线，为机组提供稳定的物料输送通路。

每个串级间管道最大化的配置包括：两个五阀节点、两个补压机节点、两个调节器节点，在不同的工艺应用环境下，补压机和调节器节点的数量会有不同的配置，串级间单元示意图如图 5-22 所示。

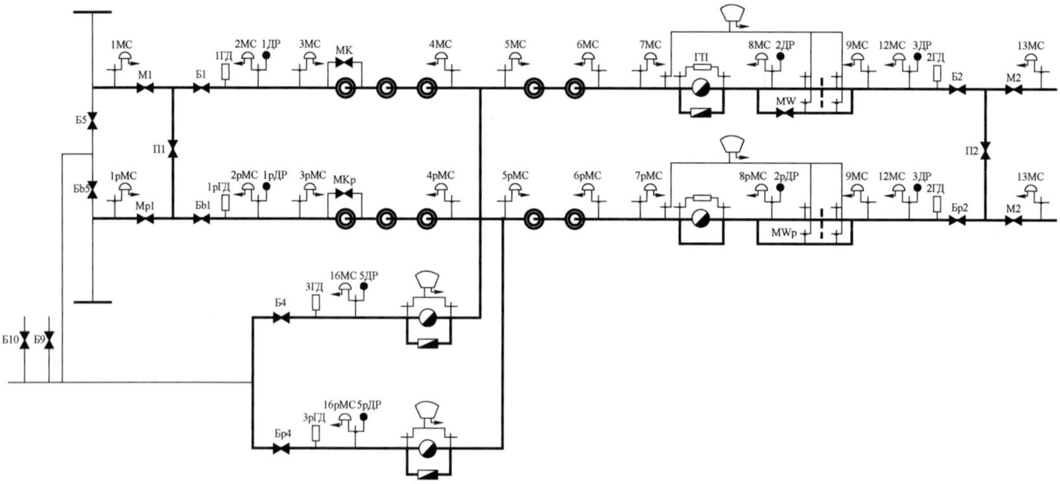

图 5-22　串级间单元示意图

每个串级间单元有四种运行工况：

- 主要工况

串级间单元的主备两条线都处于运行状态下的工况；

- 自运转换工况

主线处于运行状态，备线线路未接通，处于可自动接通运行的工况；

- 备用工况

其中一条线处于运行状态，另外一条线路未接通，并准备好可远控把它接通运行的工况；

- 检修工况

串级间单元的一条线处于运行状态，而另一条线断开工作，并在这种情况下排除操作接通它工作的可能性。

一般情况下串级间管道单元在“主要工况”下运行。

1. 主要监控参数

串级间管道系统最基本的配置有三个串级间单元，即 1#料流（也叫供料流）、3#料流（也叫精料流）、4#料流（也叫贫料流），其主要监控参数如下：

（1）压力指示、记录

- 1#、4#料流第一五阀节点前压力；
- 1#、3#料流调节器前压力；
- 1#料流孔板前、第二五阀节点后压力；
- 3#料流孔板后、第二五阀节点前压力；
- 1#、4#料流补压机前、后压力。

（2）压力指示、记录、报警、事故保护联锁

- 1#、3#、4#料流第一五阀节点后、第二五阀节点前压力；
- 1#料流调节器后压力。

（3）轻杂质指示、报警、事故保护联锁

- 1#料流第一五阀节点后，3#料流第二阀门节点前轻杂质。

（4）轻杂质记录、报警

- 1#、3#料流流量调节器轻杂质。

2. 远控功能

（1）调节器、调节器旁通电调阀整定

料流上的调节器和旁通电调阀，要求能在中央控制室对每台调节器和旁通电调阀进行远距离整定，并有极限位置信号指示。

（2）阀门的控制

第一、二五阀节点的 5 个电动阀（M1、N1、Mc1、Mp1、Np1 和 M2、N2、Mc2、Mp2、Np2），第一补压机节点的首台补压机旁通电动阀（MB1、MpB1），流量调节器节点孔板处旁通电动阀（MK、MpK）均可在中央控制室远距离控制。

其中 N1、Np1、N2、Np2 阀门打开时应符合下列条件：

- 当相应料流管线上没有事故信号和联锁的直接命令时；
- 当相应料流管线上有事故信号时，必须将其屏蔽后才能操作；
- 当相应料流管线上有联锁的直接命令时，必须解除联锁后才能操作。

（3）补压机的控制

补压机节点的补压机设备均可在中央控制室远距离控制，且可根据主、备线选择情况同时启/停或单独启/停。

3. 主要联锁控制

（1）事故保护信号的联锁

当主线（或备线）压力事故保护传感器、轻杂质事故保护传感器超过规定的事故保护动作限值时，形成事故保护信号 A3。若主线出现 A3 信号且未被屏蔽时，自动关闭主线 N1、N2；若备线出现 A3 信号且未被屏蔽时，自动关闭备线 Np1、Np2。

备注：为了防止系统误动作，在轻杂质事故保护传感器供电时系统自动屏蔽事故保护信号，传感器断电及屏蔽信号在操作站（和调度盘）上均有显示。

（2）当料流处于自动转换工况（主线转备线）时，第一、二五阀节点、流量调节器节点上的压力或轻杂质事故保护传感器动作时：

1#料流：关闭阀门（N1、N2）一秒后，自动打开备线上的阀门（Np1、Np2）。

3#、4#料流：自动关闭阀门（N1、N2），主线补压机自动停车。自动打开备线上的阀门（Np2），补压机自动启动，之后经过 60 s 打开阀门（Np1）。

如果在给定时间内，相应电阀没有打开，经过 9 s，就会产生料流关闭信号，按料流关闭联锁处理。

（3）电调阀两种方式下的联锁

就地方式：就地方式下电调阀退出 DCS 控制，现场阀位锁定在某开度不变，但可以在现场通过手动控制操作阀门的开和关，阀门的开度可在控制室操作站上显示。

远控方式：由控制室操作站控制，通常 PID 打在自动方式下，程序根据管道中的压力自动调节输出开度控制阀门动作。在工艺人员进行工况转换或者进行管道压力调整时通常选用手动方式，也可通过自动调整压力设定值的方式，手动和自动方式有微调（每次 0.25%）、粗调（每次 2.5%）和手动输入（手动每次不超过 10%，自动按照量程每次不超过 1 Torr 或 1.5 Torr 或 2 Torr）三种情况。

（4）料流间的联锁

3#流关闭，联锁关闭 1#流，同时级联精料端机组的 14#电动阀门自动打开。

4#流关闭，联锁关闭 1#流。

（5）料流内部设备间的联锁

当主线或备线第一台补压机停止时，相应补压机上的旁通阀自动联锁打开。

当主线或备线第一台补压机运行时，相应补压机上的旁通阀自动联锁关闭。

（6）第 2 五阀节点前压力超限则不允许打开 N2 或 Np2，如已打开则关闭。

#### 5.4.2.3 辅助系统

辅助系统包括卸料系统、抽空系统、零位系统、压缩空气系统、氟利昂处理系统、冷却水系统等子系统。

##### 5.4.2.3.1 主要监控参数

（1）卸料子系统

卸料系统配置两套相同的设备及管道系统，保证级联中的机组或者区段出现异常卸料时，卸料大罐具有足够的空间来保障物料的临时回收，通过卸料来减轻主机负载，从而保证主机的安全。卸料子系统的泵阀柜对真空泵和对应泵进口电动阀供电、控制，在泵阀柜上实现泵入口压力与泵阀联锁，并与 DCS 一起实现对泵阀的远操联锁控制。

主要监控的参数有：

卸料系统干管和末端压力的指示、记录、报警和干管压力的事故保护联锁；凝冻装置入口干管压力指示、记录、报警；真空罐内压力指示、记录、报警和控制真空泵启停；卸料装置干管、大罐干管压力指示；真空泵入口压力联锁；卸料装置入口流向指示、报警和事故保护联锁。

（2）抽空系统

抽空系统用于保证级联安装、启动期间机组系统的真空度，配置三套相同设备及管道系统，从而确保抽空能力及设备冗余的要求；抽空子系统泵阀柜对抽空装置的真空泵及其电动阀门和油扩散泵供电、并提供现场操控界面，另外 DCS 系统可实现对真空泵泵阀的远操联锁控制。

主要监控的参数有：

抽空系统干管和末端压力的指示、记录、报警；贮气罐内压力指示、记录、报警和控制真空泵启停；真空泵入口压力联锁；抽空装置入口流向指示、报警和事故保护联锁。

（3）零位系统

零位系统的作用是通过维持仪表或调节器的零位腔的真空度，来保证仪表或调节器稳定运行。随着仪表的升级换代以及调节器被电调阀替代之后，有些零位系统已经停运。泵阀柜对调节器零位线的真空泵和电动阀供电，与 DCS 一起实现对泵阀的远操控制。

主要监测的参数有：

真空罐内压力指示、记录、报警和控制真空泵启停；真空泵入口压力联锁；真空罐出口流向指示、报警和事故保护联锁。

（4）氟里昂处理系统

氟利昂处理系统用于带走主机转子内的有机物，反复数次进行动态清洗后，达到冲洗机器机内腔及管道钝化的目的。氟利昂处理系统以就地常规仪表检测控制为主，可对氟利昂处理系统的真空泵和电动阀门进行操作。

主要监控的参数有：

就地仪表盘对抽空干管压力、供料孔板前后压力、净化干管压力、收料干管流向、供料干管轻杂质含量进行常规仪表显示；对容器用低温恒温器液氮液位进行巡检、报警。

（5）压缩空气系统

压缩空气系统为保证调节器正常工作，连续提供压力稳定的干燥压缩空气。

主要监控的参数有：

调节器前干管压力指示；压缩空气调节器后干管、压缩空气入口干管、级联端部机组区域压缩空气压力报警。

（6）冷却水系统

用于给主机、补压机、变频器等工艺设备提供循环冷却水。并将循环水控制在一个相对稳定的压力范围内，保证连续供给。

主要监控的参数有：

机器冷却水温度；补压机冷却水温度；变频器冷却水温度。

水泵在出现故障停车时，控制设备需要按照程序快速的对水泵设备进行切换。

**5.4.2.3.2　主要联锁控制**

辅助系统各子系统的联锁基本一致，具体如下：

（1）真空泵的入口压力与真空泵入口电动阀联锁，入口压力大于限值时禁止打开该真空泵入口电动阀，真空泵与其入口电动阀的联锁关系为先启泵后开阀，先关阀后停泵；

（2）真空泵与缓冲罐内压力联锁，压力大于限值时启动真空泵，小于限值时停止真空泵；

（3）所有流向事故保护传感器与其对应管道上的电动阀联锁，当发生倒流时报警，关闭电动阀门；

（4）卸料系统卸料干管压力大于限值时禁止打开区段相应的卸料阀门。

## 5.4.3　级联工艺过程检测和控制系统

### 5.4.3.1　系统构成

级联工艺过程检测和控制系统普遍采用以 DCS 系统为核心构成集散控制系统。监控方式为控制室集中监控和工艺现场就地检测的方式。

级联工艺过程检测和控制系统设置有中央控制室，机组、料流及气体辅助工艺系统采用同一套 DCS 系统，通过 DCS 系统实现工艺数据的分散采集、集中处理、画面显示、回路控制、超差报警、联锁保护等功能。在 DCS 操作站上设置有流程图界面、设备操作界面、历史趋势记录、参数报表、报警提示等内容，并可随时打印数据报表。中央控制室各操作员站按授予的 DCS 操作权限对所辖工艺系统进行监测控制。

在生产现场根据工艺需要设置有就地手动操作系统(阀泵控制柜和就地显示仪表等)，就地操作系统主要用于在生产线建设期间的现场调试及系统检修、维护时对现场设备进行控制操作，正常运行工况下的生产过程全部依托于中央控制室集中监控。

级联工艺过程检测和控制系统设备主要分为四类，分别是操作层设备、控制层设备、动力层设备及现场传感器、检测仪表。DCS 系统控制系统现场过程站与中央控制室采用冗余以太网连接。为确保 DCS 系统的安全可靠对控制器、电源、通讯板卡等关键部件采用冗余配置。级联工艺过程检测和控制系统整体网络结构见图 5-23。

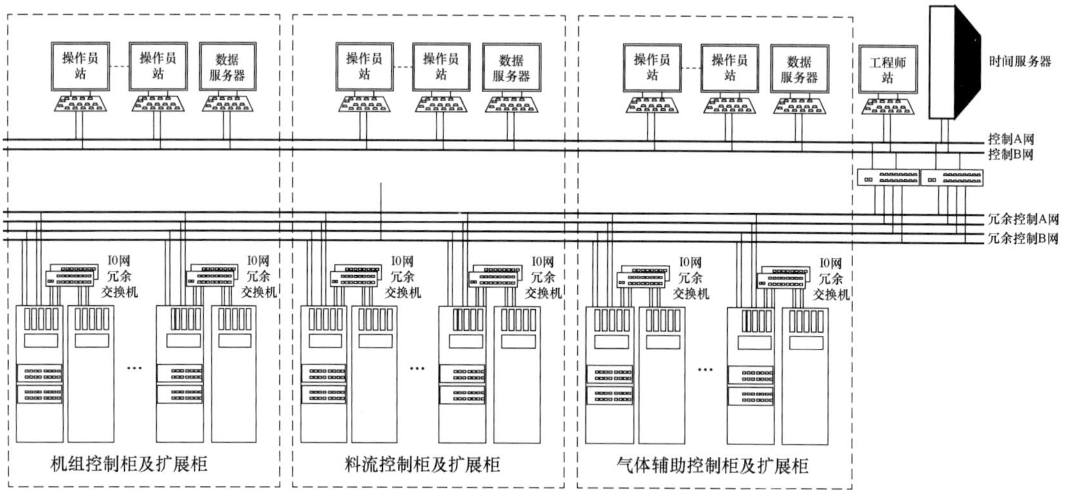


图 5-23　级联工艺过程检测和控制系统整体网络结构图

（1）操作层设备

操作层设备布置于中央控制室，由 DCS 系统的操作员站、服务器、工程师站（及工艺模拟屏）等自控设备组成。主要用于集中显示现场仪表参数及工艺设备的运行状态，并为工艺操作员设置现场工艺设备的远程操控界面。操作员站和服务器的数量按需配置。

- 操作员站

级联工艺运行人员在任何一个操作员站上都可以实现对主机系统、串级间管道系统、气辅系统的远程监控。机组、串级间管道及辅助各子系统在操作员站上以组态界面区分。通过相应的人机操作及显示界面对各种工艺设备、现场仪表进行远程控制、参数显示、超限及事故报警、历史记录查询显示。同时，操作员站也可用于存储历史报警数据。

- 工程师站

工程师站是为仪控专业工程技术人员设计的，内装有相应的组态平台、监控平台和系统维护工具，主要用于软件的组态、发布和下装，使用工程师站上的系统维护工具软件可实现过程控制网络调试、故障诊断、信号调校等功能。通过工程师站可对各操作员站进行分级授权，修改关键工艺参数的设定值，也可以作为操作员站使用。

- 服务器

主要用于主机转速测量系统时间和存储各种历史趋势，现场控制站将需要保存的数据直接通过监控网写入数据服务器的各种历史数据库中。数据服务器也可以作为操作员站使用。

- 工艺模拟屏

用于向工艺操作员提供整个系统的全局、宏观的运行状态。工艺模拟屏上配置有每个机组、料流系统及辅助工艺系统的主要运行状态和综合报警声光报警信号。工艺模拟屏不是操作层的必须配置，依工艺运行人员的要求选择配置。

（2）控制层设备

主要由 DCS 系统的过程站及 I/O 扩展站、数据通讯站等组成。其中集成有 DCS 控制器、I/O 板卡、网络交换机、电源等部件单元。主要用于采集现场仪表参数、收集工艺设备的运行状态，并根据远控指令或者组态设定的程序完成相关逻辑运算，（通过动力层控制设备）向执行机构输出控制指令。

- 过程站及 I/O 扩展站

每个工艺机组或料流系统各配置一个过程站，卸料系统配置一个过程站，其余辅助系统配置一个过程站。每个过程站依照工艺测控点数的规模，按需配置 I/O 扩展站。每个过程站负责完成一个工艺单元内所有工艺参数的采集、操作命令的转发、事故保护动作的执行、现场数据的上传、过程站设备自诊断等功能。

- 数据通讯站

在级联工艺生产环节中自身具有成套性特征的设备（主要是变频器等），其自身带有控制器（箱、柜），各控制器以网络通讯方式，通过数据通讯站接入 DCS 控制系统。

（3）动力层设备

主要由各类工艺设备控制柜组成。动力层盘柜接收 DCS 控制层发出的控制指令，通过柜内相关控制单元来驱动工艺设备执行机构动作，同时对执行机构的工作状态、设备自诊断信号进行收集，并上传至 DCS 控制层。级联工艺控制系统主要使用了阀门动力柜、补压机动力柜、泵阀控制柜等几种类型的动力柜，用于实现对阀门、补压机、真空泵工艺设备的远程监控。

● 阀门动力柜

阀门动力柜主要用于实现对电动阀门的远程监控，其核心是阀门控制单元。每个阀门控制单元负责一个电动阀门的控制，实现电动阀门的远程开、关以及阀位信号的就地显示、单元故障自诊断等功能，同时能够将阀门状态信号及故障信号传送给级联控制系统控制层设备。

● 补压机动力柜

补压机动力柜主要用于实现对补压机的远程和就地监控，其核心是变频器。补压机动力柜有“远程/就地”及“工频/变频”工作模式，通过转换开关进行选择。在“远程”工作模式，通过控制层设备与 DCS 系统进行数据交互，实现联锁控制并可在控制室对补压机进行状态监控及启停操作。

● 泵阀控制柜

泵阀控制柜主要用于实现真空泵和阀门的就地和远程控制，通过控制层设备与 DCS 系统进行数据交互，实现（本地）联锁控制并可在控制室对真空泵以及电动阀进行状态监控及启停操作。

（4）现场传感器、检测仪表

级联工艺系统主要监测的传感器参数有：物料的压力、流向及轻杂质含量，冷却水的温度、压力等。

物料压力测量仪表选用的有电容薄膜式绝对压力计、压力开关、电阻真空计等。

物料流向及轻杂质含量的测量为专用传感器，分别为轻杂质事故保护传感、绝对轻杂质测量传感器、相对轻杂质测量传感器及流向事故保护传感器。

冷却水温度传感器选用的有铜电阻（Cu50）及玻璃管温度计，压力测量选用的有电接点压力表等。

中央控制室设置有光端机、交换机等网络通讯设备，通过通讯光缆连接级联工艺系统的各个过程控制站，实现全部级联工艺系统联网实时监控。

控制系统的供电包括逻辑电源及动力电源两大类，并分别配置供配电盘柜。

逻辑电源的稳定性要求较高。通常采用多路电源输入（包括多路市电及多路 UPS），通过静态切换开关无扰切换后，向负载提供稳定的单相 220 V 50 Hz 电源。逻辑电源的负载主要为 DCS 的控制站、I/O 站、现场检测仪表、电动调节阀等，以及卸料系统的动力层设备。

动力电源同样采用多路电源输入（包括多路市电及多路 UPS），通过切换开关切换后向负载提供三相五线制 380/220 V 50 Hz 电源，设备提供电源，动力电源的负载主要为电动阀、补压机、真空泵等（卸料系统除外）。

#### 5.4.3.2　监控系统界面

DCS 系统监控画面共分为工具栏、实时报警区、光字牌、综合信息栏、主画面等区域。工具栏上有形象直观的操作工具图标，基本包括了监控软件的所有总体功能，可以进行画面选择、打印、查找位号、系统监控设置、权限登陆、查找记录查询等功能。

级联工艺 DCS 实时监控系统监控画面包括流程图画面、参数趋势画面、数据一览画面、报警一览画面、控制分组画面等。流程图一般包括显示部分和操作部分，有部分流程图仅有显示部分。

显示内容：级联工艺系统温度、压力、轻杂质等参数显示；

电动阀的开闭、故障等状态显示；

电调阀的开度、故障、远程/就地等显示；

补压机及真空泵等工艺设备的启停、故障、就地/远控状态显示。

操作内容：电动阀的打开、关闭或停止命令按钮；

补压机及真空泵等工艺设备的启动、停止命令按钮；

电调阀的开度控制面板、远程/就地按钮；

事故保护联锁屏蔽、解除屏蔽命令按钮。

（1）机组系统监控界面

机组系统监控界面以机组为单位进行布置，即每个机组一套画面，各机组画面基本一致（区段数量可能不同）。

由于单个机组设备和参数较多，为了完整的显示监控信息，单个机组的画面一般布置为“机组主工艺流程图及操作画面”和“传感器参数显示”两个页面。

“传感器参数显示画面” 见图 5-24，主要用于分类显示传感器实时参数。

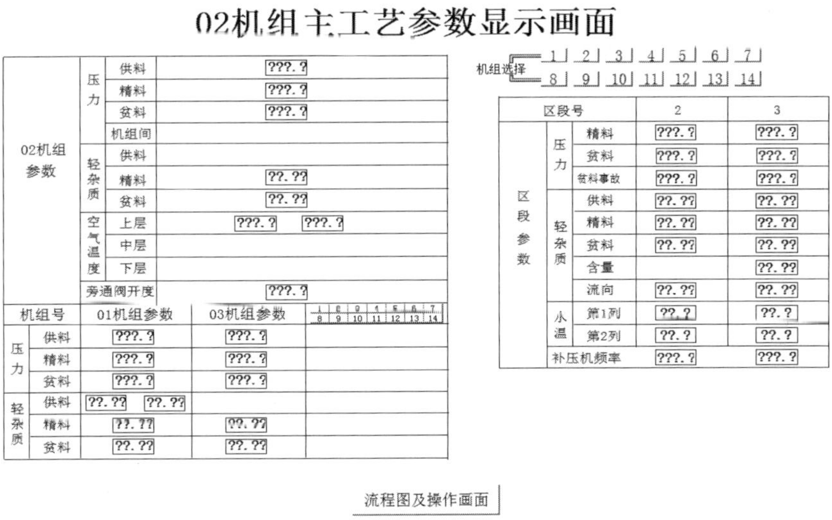


图 5-24　传感器参数显示画面

“机组主工艺流程图及操作画面”见图 5-25，主要用于对机组、区段所含仪表及工艺设备的监控。画面一般设置六个区域：即前后级机组压力显示区、机组报警区、机组选择区、区段选择区、流程图及报警区、操作区，具体见图 5-25 中红色框标识。

（2）串级间管道系统监控界面

串级间管道系统监控界面（见图 5-26），主要用于对各料流系统所含仪表及工艺设备的监控。监控界面以工艺料流为单位进行布置，各料流画面基本一致（节点配置可能不同）。监控画面一般分为三个区，最上面一行为报警区，中间为流程图显示区，下面为操作区。报警区中间部分为主、备线共同信号，左边为主线信号，右边为备线信号。

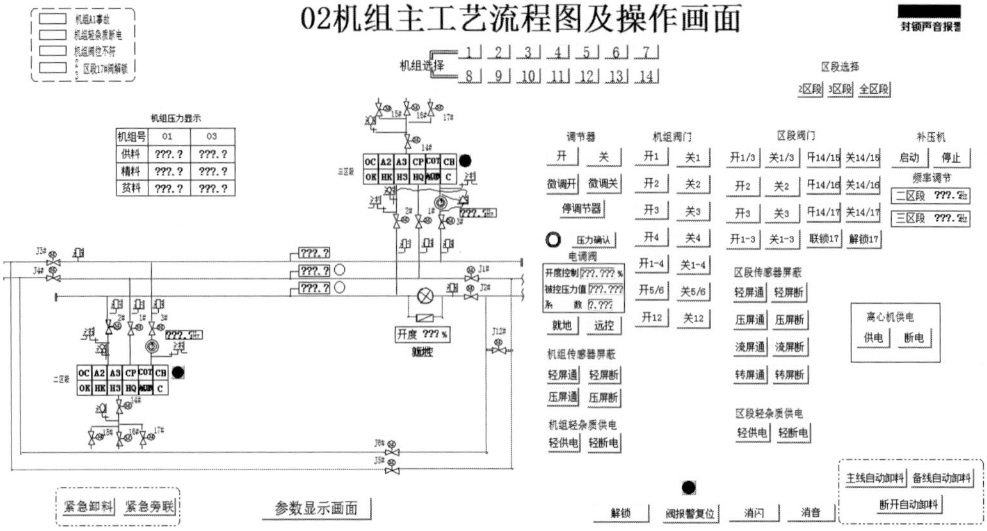


图 5-25　机组流程图及操作画面

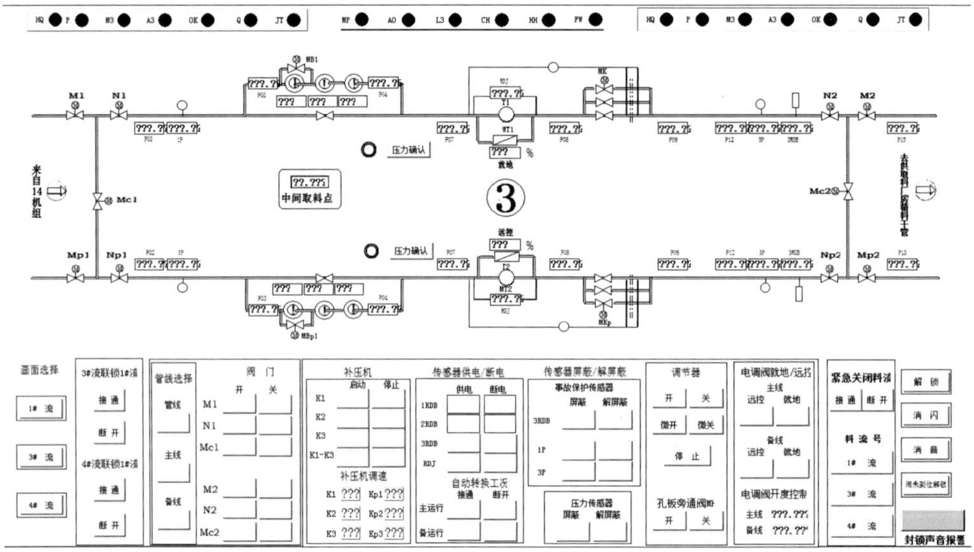


图 5-26　料流流程图及操作画面

（3）辅助系统监控界面

辅助系统监控界面，主要用于对辅助系统各子系统所含仪表及工艺设备的监控。监控界面以工艺子系统为单位进行布置，每个子系统的流程图差别较大，但操作和信号基本相同，画面一般分为三个区：最上面一行为报警区，左下侧为流程图显示区，右下侧为操作区。

● 卸料系统

卸料子系统流程图及操作画面见图 5-27。

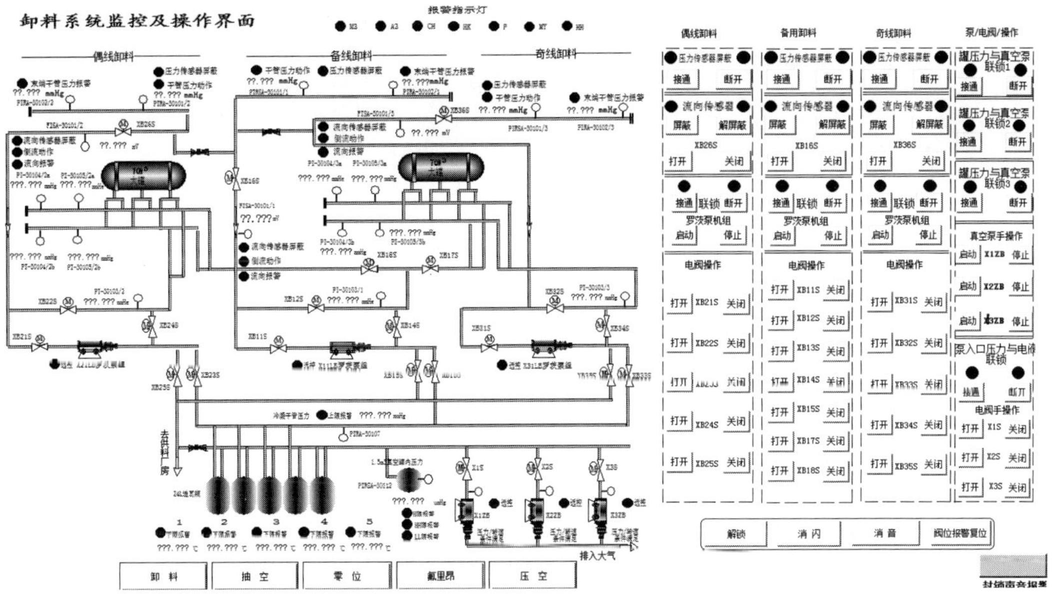


图 5-27　卸料子系统流程图及操作画面

- 抽空系统

抽空系统流程图及操作画面见图 5-28。

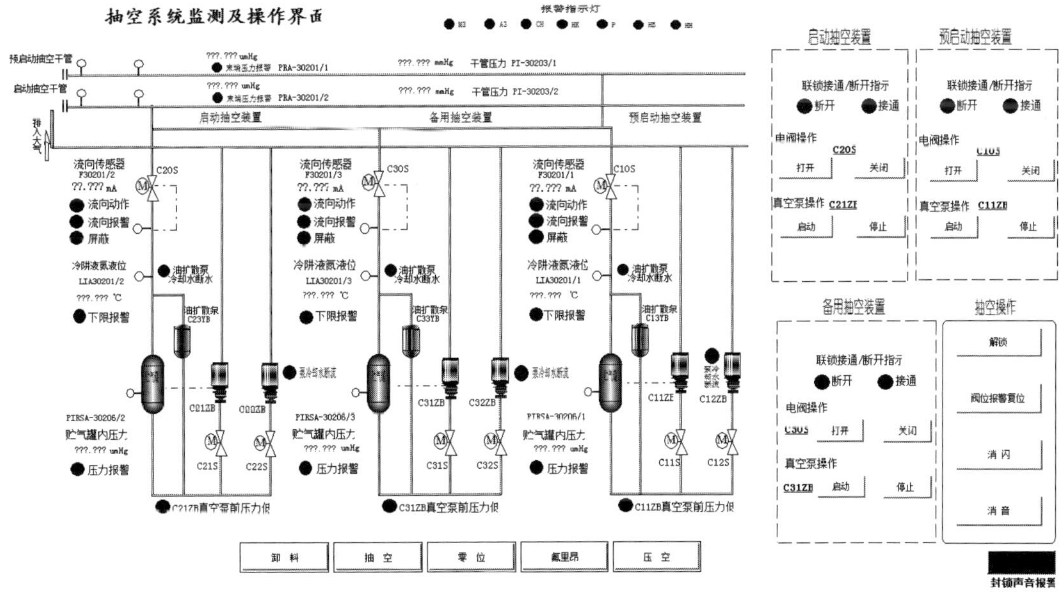


图 5-28　抽空系统流程图及操作画面

- 零位系统

零位系统流程图及操作画面见图 5-29。

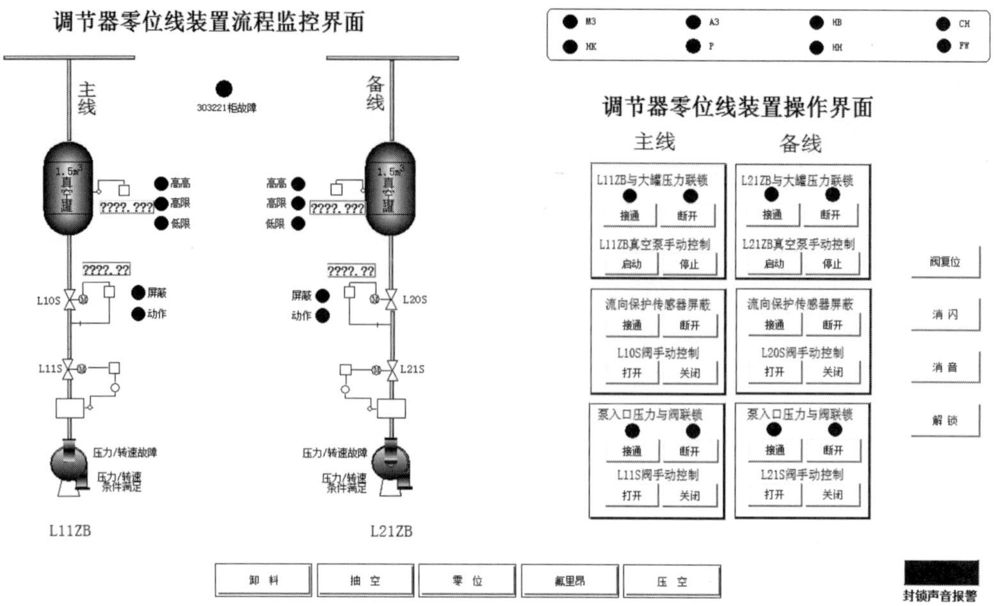


图 5-29　零位系统流程图及操作画面

- 氟里昂处理系统

氟里昂处理系统流程图及操作画面见图 5-30。

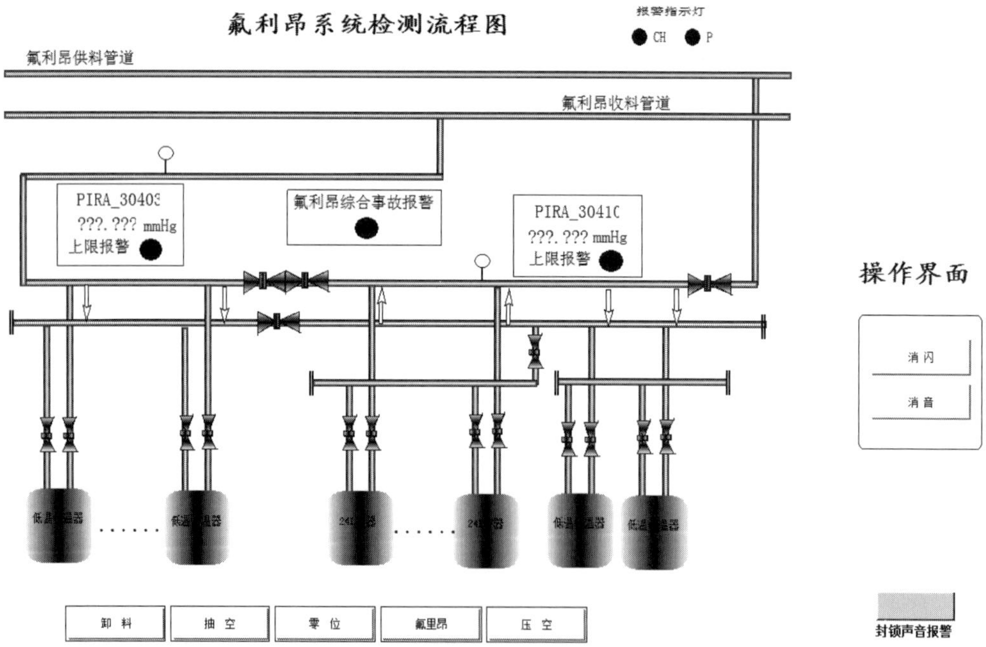


图 5-30　氟里昂处理系统流程图及操作画面

# 5.5　主机转速测量系统

## 5.5.1　系统概述

主机是级联工艺系统的核心设备，主机转速测量系统主要负责实时测量离心法铀浓缩工厂生产线所有主机的转速，并依据测量的转速值对主机的运行状态进行监测，当主机转速低于规定的限值时自动形成损坏或失步等主机故障信号，并将报警信号传送到控制室进行报警显示，通知工艺人员采取相应措施；当主机损坏、失步、失步微差的数量满足一定条件时自动产生事故保护信号，关闭机组停止供料并自动卸料，通过卸料来减轻主机负载，从而保证主机的安全。

该系统还负责测量主机的摩擦功耗，为工艺技术人员调整级联运行方案的重要依据。因此，该系统对整个离心法铀浓缩工厂主工艺系统的安全、可靠、经济运行具有非常重要的作用，是离心法铀浓缩工厂必不可少的自动控制系统之一。

基于工艺分离方法及主设备的要求，该自动控制系统具有一定的行业特殊性，为专用系统，一般都需要根据工艺系统的规模进行定制、集成。

## 5.5.2　系统控制要求

根据工艺运行需求，主机转速测量系统需在主机大厅的现场层（转速测量站）及中央控制室的监控层（操作员站）分别布置应用界面并完成相应的功能。

### 5.5.2.1　监控层（操作员站）

- 主机旋转频率的测量、存储及各种报表输出；
- 定时测量主机旋转频率并存储测量结果；
- 主机运行状态异常信号（单台微差、成组微差、单台失步、单台损坏、成组失步、成组损坏）及事故保护信号的报警显示、存储；
- 系统故障信号（包括综合故障、单台通讯故障、多台通讯故障、中频故障等）的报警显示、存储；
- 单区段主机转速的实时测量及测量结果的显示；
- 主机摩擦功耗的测量、测量结果的报表输出及存储；
- 单台主机转速信号的实时监测；
- 远控屏蔽/解除屏蔽主机信号；
- 多区段主机转速平均值、最大值、最小值的定时测量及显示；
- 历史报警记录、测量结果的查询及报表输出；
- 系统自检测。

### 5.5.2.2　现场层（转速测量站）

- 按照“自动检测”“就地控制”“升降周服务”等 3 种工况进行工作。
- 循环测量区段所有主机旋转频率，并根据的测量值产生主机故障信号、区段事故保护信号及主机通讯故障信号；

- 就地显示各种报警信号，并自动将报警信号向操作员站传送；
- 就地屏蔽/解除屏蔽主机信号；
- 就地测量单台主机的转速、摩擦功耗等；
- 就地实时显示区段所有主机转速；
- 将主机故障、事故保护、系统故障等报警信号传送给级联控制系统；
- 测量区段 1 路或 2 路电网频率，依据测量结果形成电网频率故障信号，并就地显示电网频率故障信号，同时把该信号传送给操作员站；
- 区段控制设备出现故障或运行在就地控制工况时，点亮区段故障报警灯；
- 区段控制设备自检测。

## 5.5.3 检测控制系统结构及组成

### 5.5.3.1 系统结构

主机转速测量系统为专用测控系统，需要根据工艺系统的规模进行定制、集成。各生产线系统设计、建造时间都是跨度较大，各系统集成使用的主要设备型号，数量布局等方面也各不相同，但各系统的系统结构大同小异，具体实现的技术路线及功能、作用基本保持一致。

主机转速测量系统的设备分为现场层设备（转速测量站）及中央控制室的监控层设备（操作员站）两部分，系统结构如图 5-31 所示。

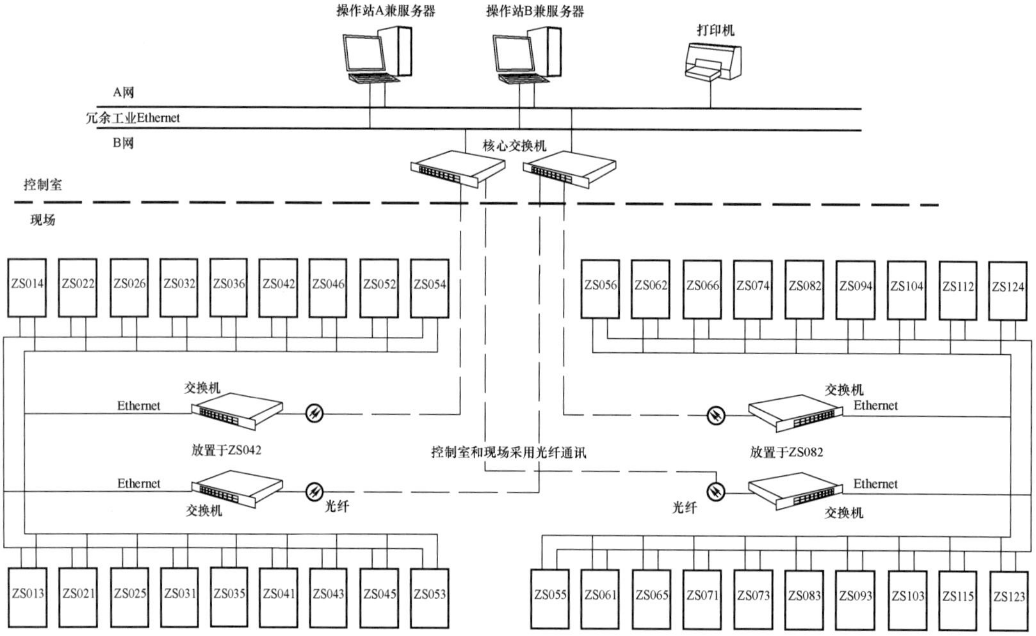


图 5-31 主机转速监控系统结构图

现场层主要设备为转速测量站，以区段为数据处理单位，每个工艺区段配置一台转速测量站，负责一个区段所有主机频率的测量和处理。

中央控制室的监控层设备一般为两台互为冗余的操作员站（兼数据服务器）、两台互为冗余交换机（带两个 100/1 000 M 光纤端口）、一台激光打印机组成。

中央控制室操作员站和现场转速测量站之间的网络通讯为冗余的双 Ethernet 网络，通讯介质为光纤。

### 5.5.3.2 转速测量站

转速测量站配置数量由工艺区段的数量决定，每个工艺区段配置一个转速测量站。该站通过通讯总线从前段转速测量盒接收区段所有主机的频率值、报警信号，并负责通过默认的 Ethernet 将数据向控制室的操作员站发送，通过箱内的预设接口向级联控制系统控制站发送报警信号。当默认 Ethernet 发生故障时，控制站自动通过另一套 Ethernet 将数据向控制室的操作员站发送。

转速测量站一般由人机界面（触摸显示屏）、报警电路、通信电路、信号调理电路、电源电路、接口电路等几部分组成。目前主流的设计原则为结构小型化、功能简单化，核心控制器基于嵌入式 ARM 处理器进行设计，脱离采用传统工业控制计算机的集成配套模式。

转速测量站正面前视图如图 5-32 所示。

图 5-32 转速测量站正面前视图

转速测量站人机界面（触摸显示屏）用于显示转速数据、摩擦功耗数据、故障异常的数据等。主显示界面如图 5-33 所示。

图 5-33 转速测量站人机界面

### 5.5.3.3 操作员站（兼数据服务器）

主机转速测量系统网络结构上采用 C/S 结构，操作员站（兼数据服务器）安装有专用服务器及操作站软件实现系统运行监控与管理；将接收到的数据存入数据库，以备查询使用；操作站软件实现人机信息交互、数据分析统计，并将操作命令下发给转速箱。

两台服务器的工作状态分为工作和备用状态。主机只工作在工作状态，备机可在工作和备用状态间切换。主机与备机之间进行的数据同步主要包括：系统事件数据、系统操作指令（电机屏蔽、时钟同步、系统消警）、测量结果（频率测量结果、摩擦功耗测量结果），实时数据的获取主备机分别从转速测量站获取。

操作员站的监控软件基于级联的工艺规模定制，实时监测窗体如图 5-34 所示，主要用于实时监测系统中全部机组/区段的运行状态，当出现报警信号时，界面中的对应报警灯闪亮、产生声光报警。单击故障区段图标后，将弹出如图 5-35 所示的报警信息框，可直接查看报警及故障信号的详细信息。

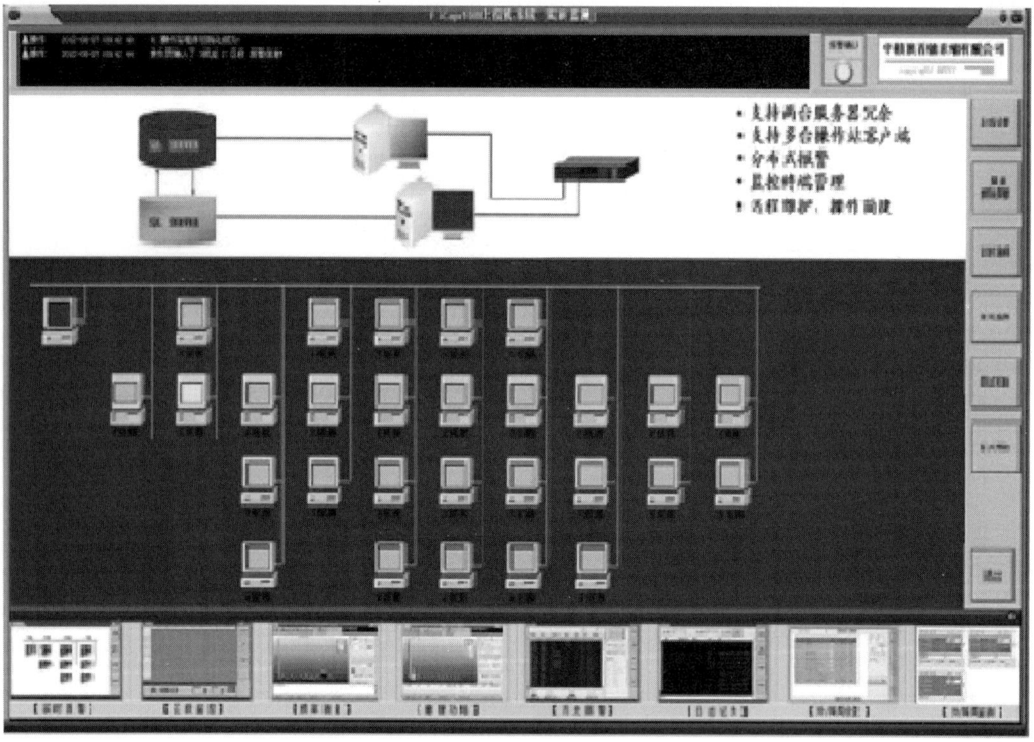

图 5-34 实时监测主窗体

操作员站的监控软件布置有历史报警模块，其主要功能是查看报警的历史记录，可通过选择日期、报警类型、机组、区段进行报警记录查询。并双击在查询结果，弹出报表打印窗体，可显示选中报警记录的失步地址、损坏地址、故障信号分析及事故保护分析。该模块的窗体如图 5-36 所示。

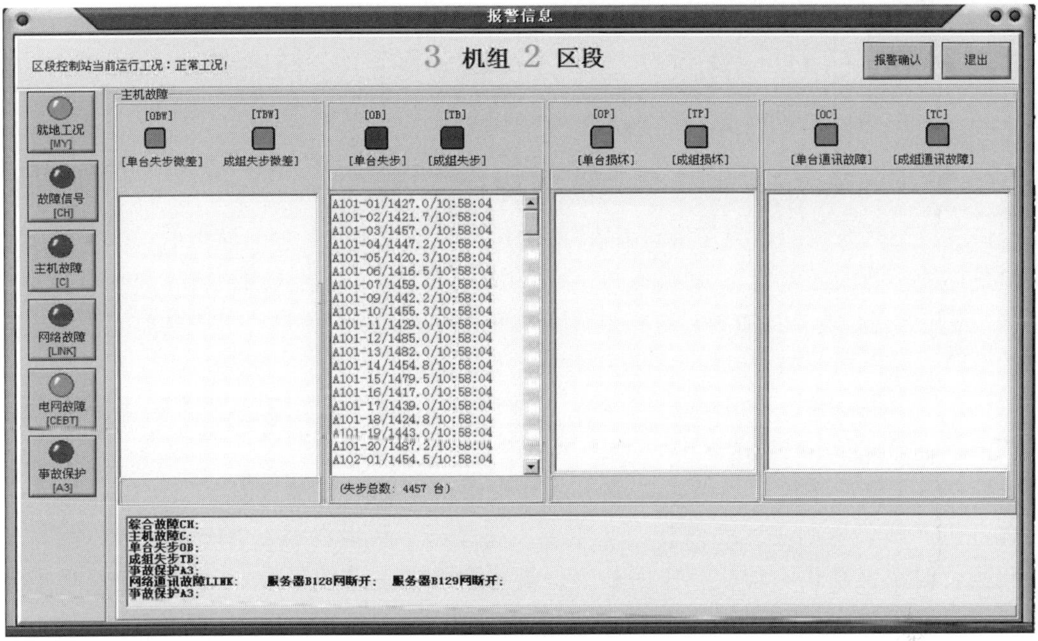


图 5-35　报警信息栏

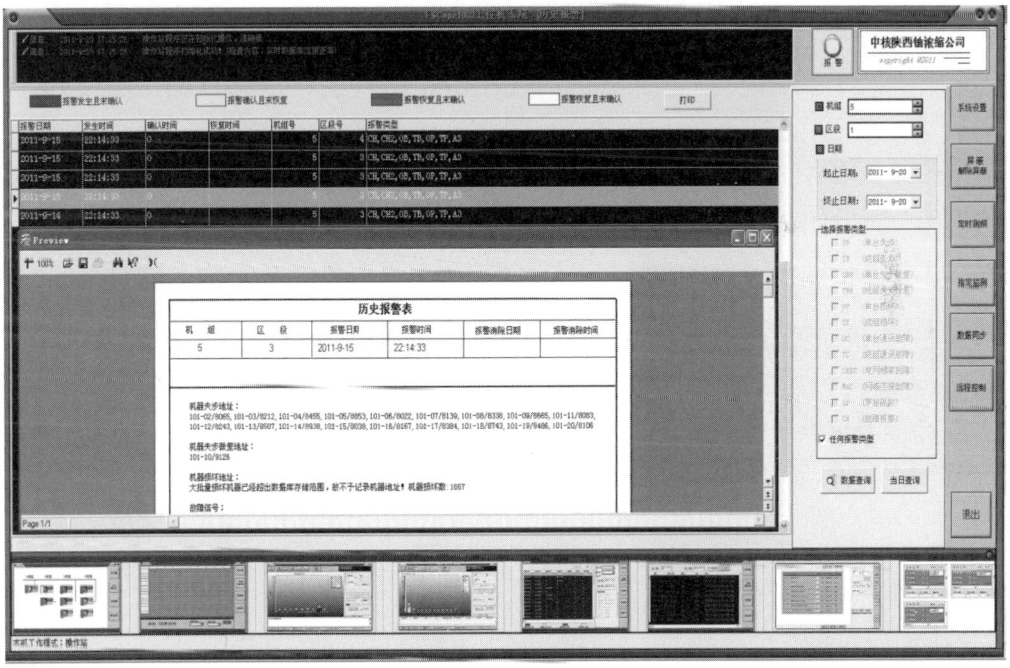


图 5-36　历史报警窗体

### 5.5.3.4　通讯网络

系统使用双网络冗余通讯。网络分为 A 网和 B 网。A 网和 B 网可分别工作在工作状态和备用状态，同一时间只能有一个网络处于工作状态，网络可实现自动切换。为保证网络数据的均衡，主机优先使用 A 网通讯，备机优先使用 B 网通讯。

# 5.6 供取料工艺过程检测和控制系统

## 5.6.1 系统概述

供取料工艺系统的作用是将固态原料（$UF_6$）经室温净化、加热净化后以恒定的压力和流量连续不断的送入离心级联，另外将离心级联精料端分离出来的精料连续不断的冷凝下来，最后经过液化、均质等过程将最终产品装入容器，同时将离心级联贫料端分离出来的的贫料冷凝在相应的冷风箱，待装至规定值后，经加热气化卸至小室内 3 $m^3$ 容器中。供取料系统由供料系统、精料系统、贫料系统以及真空系统、吹洗系统、压缩空气系统、冷却水系统等辅助系统组成。

拥有多条生产线的离心法铀浓缩工厂其供取料工艺系统建造时间跨度都比较大，因此各生产线供取料工艺系统使用的主要设备型号、数量布局、生产能力等方面也各不相同，但工艺结构、功能及作用基本保持一致，各生产线供取料工艺系统总体上独立运行。

供取料工艺过程检测和控制系统都是与主工艺系统配套同步建设，各生产线自控系统也有所差别，但普遍采用 DCS 集散型控制系统，遵从集中管理、分散控制的原则设计，实现对整个供取料厂房现场信号的采集，对工艺设备或阀门的控制、调节，对相关工艺过程的自动控制。控制室的操作站可实现工艺运行状况实时监控、数据管理、事故报警、图形显示、控制调节、报表打印、操作记录、日志记录及故障诊断等功能，满足工艺系统的连续、安全、稳定运行。从结构上可以将自控系统设备分为显示操作设备、逻辑控制设备、动力控制设备、供电设备以及现场传感器、检测仪表。

## 5.6.2 工艺系统组成及控制要求

其工艺系统包括七个子系统：供料及供料净化系统、精料系统、贫料系统、真空系统、压缩空气系统、吹洗系统和冷却水系统。

### 5.6.2.1 供料及供料净化系统

供料系统的作用是将固态原料（$UF_6$）经室温净化、加热净化后以恒定的压力和流量连续不断的送入离心级联大厅，如图 5-37 所示：原料容器中含有轻杂质的物料通过净化线管道进入冷冻温度为−25 ℃的供料净化冷风箱内 3 $m^3$（C）容器中，大部分 $UF_6$ 在 3 $m^3$（C）容器中冷凝，少量 $UF_6$ 及 HF 等轻杂质进入−80 ℃的 50 L 容器中，$UF_6$ 在 50 L 容器中冷凝，HF 等轻杂质被吸附塔吸附，其他不凝气体由真空泵组抽出，进入局部排风系统。供料系统中净化收料容器还承担接收级联大厅中的事故卸料。

供料及供料净化工艺系统设置的主要工艺设备有加热箱、冷热箱、供料过滤器、保温箱、气动（电动）调节阀等。加热箱及供料过滤器 2 套为一组，对应 1 套气动（电动）调节阀及 1 台保温箱，为一组供料单元；供料净化系统该系统设置−25 ℃低温冷风箱；每套加热箱及低温冷风箱内均设 1 套电子秤，为测量容器的装料量。

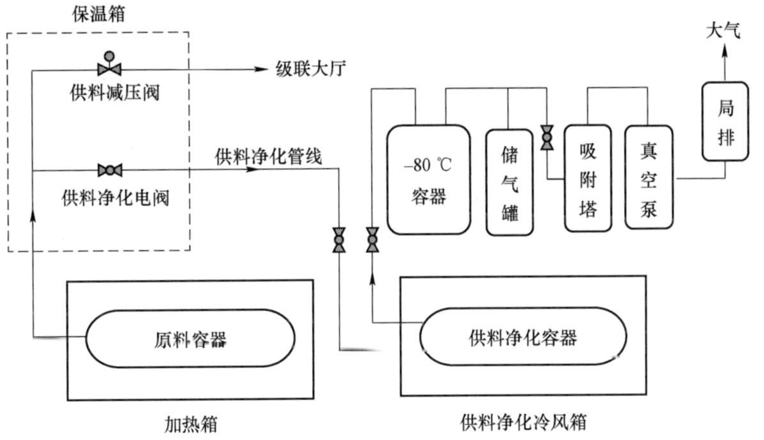


图 5-37　供料及供料净化工艺系统

（1）加热箱控制要求

加热箱的作用是提供保温加热环境，加热箱温度控制有就地和 DCS 远控两种方式，现场控制柜上由 PLC 实现，控制柜上有显示屏，可显示设定参数，时间，加热等工作状态，PLC 控制器上配备 RS485 接口。在控制室可通过 DCS 实现对加热箱的远程控制，控制信号为 PID 占空比可变的无源接点信号送到现场控制柜，通过固态继电器进行控制。

加热箱加热的联锁条件为：

- 加热箱的门已关好；
- 加热箱内回风温度未达高限控制值；
- 当门未关闭或加热箱内回风温度超过高限值时自动切断加热。

（2）保温箱控制要求

保温箱的作用是提供保温加热环境，保温箱温度控制有就地控制和 DCS 远程控制两种方式，就地控制在智能仪表上进行操作，控制室在 DCS 上进行操作，温度控制采用保温箱内电动调节阀前的管道外壁温度进行控制，控制信号为 PID 占空比可变的无源接点送到现场控制柜，通过固态继电器来进行控制。

- 当该温度达到设定的高限报警值（可调）时，自动切断加热电源，并在控制室发出高限声、光报警信号。
- 当保温箱内空气温度达到高限报警值（可调）时，在控制室发出高限声、光报警信号。

（3）供料调节阀控制要求

供料电动调节阀设“手动”和“自动”两种状态，在控制室选择工作状态。当选定“自动”状态时，由保温箱内电动调节阀后的压力来控制电动调节阀的开度，以保证电动调节阀后的正常工作压力，控制采用闭环反作用 PID 调节回路。当选定“手动”状态时，由操作人员在 DCS 操作站控制电动调节阀的开度。

（4）电阀开关的联锁条件

供取料厂房所用的电阀有电磁气动阀和电动阀两种，通电时靠压缩空气打开，断电时压缩空气泄放，阀门关闭，现场可以在控制盘柜上对其进行开关操作。电动阀为二位式电阀，现场设置电阀控制柜，就地对其进行操作。电磁气动阀和电动阀在 DCS 操作界面上设“手动”和“自动”选择开关，自动状态时执行联锁条件，手动状态时联锁解除。

保温箱内供料管线上第一个电阀打开的联锁条件：

- 保温箱内供料净化线上电阀关闭；
- 与该保温箱对应的 2 台加热箱的门均已关好；
- 保温箱内电动调节阀前压力无高限报警；
- 保温箱内供料调节阀后压力无高限报警。

#### 5.6.2.2 精料系统

精料系统的作用是将离心级联工艺系统精料端分离出来的精料连续不断的冷凝下来，最后经过液化、均质等过程将最终产品装入容器。由于级联中轻杂质向精料端集结，所以进入精料收料容器中轻杂质较多，需定时净化，由真空系统中冷凝容器收集。精料净化时 $UF_6$ 收集在真空系统–80 ℃的 50 L 容器中，积累到一定量后反蒸发回收到精料收料容器内，如图 5-38 所示：

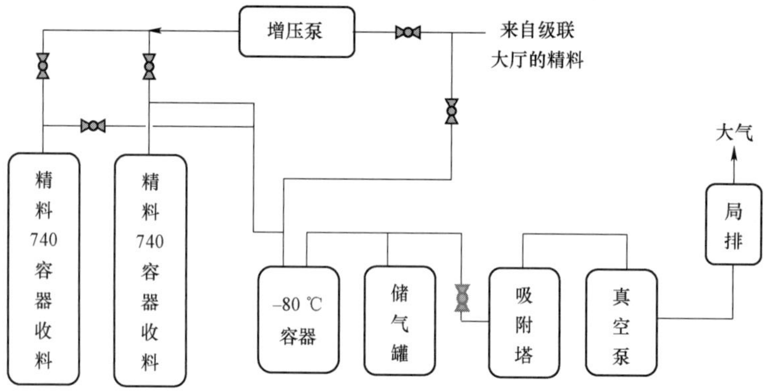


图 5-38 精料系统

精料系统主要设备有冷风箱、增压泵、电子衡器、电动阀等，增压泵增压的取料工艺，取料容器和净化容器均采用 3 $m^3$（B）容器，用–25 ℃低温冷风箱冷却收料。几台增压泵并联设在精料干管上，增压泵组设置两条旁通管线，设置–25 ℃低温冷风箱，为控制容器的装料量，每套低温冷风箱内均设一套 15 t 电子秤。

制冷系统设置完善的报警系统及故障诊断显示；PLC 模块设置计算机接口，可在控制室 DCS 系统上完成系统的远传控制。

（1）冷风箱控制要求

低温冷风箱的控制由现场就地控制柜上的 PLC 实现，PLC 上设置了完善的报警系统及故障诊断显示，温度调节采用 PID 自动调节，使用了智能化控制软件，具备自动组合制冷、加热等子系统的工况，从而保证在整个温度范围的高精度控制。PLC 模块设置 RS485 计算机接口，可在控制室 DCS 系统上完成系统的远传控制。控制室 DCS 系统显示低温冷风箱的三种工作状态："除霜""制冷""故障"及冷风箱内的回风温度，当温度达到高限值时发出声、光报警信号。

（2）增压泵（组）控制要求

增压泵用于将压力、流量稳定的 $UF_6$ 气体增压至特定范围并输送，以满足生产过程的工艺要求。增压泵现场设置配套的电控柜，可以就地对增压泵进行启、停操作。增压泵也具备远控功能，通过 DCS 来实现相应联锁及控制，在"自动"状态下，增压泵（组）的启、停与增压泵（组）出口电动阀的开、闭联锁。增压泵（组）启动后，其出口电动阀自动打开，当该电动阀关闭时，增压泵（组）自动停止，同组增压泵在运行过程中，其中任一台故障停车时，另一台自动停车（陪停），其出口电动阀自动关闭。当处于"工作"状态的增压泵（组）出口的电动阀关闭时，倒料干管与该增压泵组对应的精料系统之间的电动阀自动打开。

**5.6.2.3　贫料系统**

贫料系统的作用是及时平稳地将离心级联贫料端分离出来的贫料冷凝在相应的冷风箱，使用增压泵机组，从级联来的贫料经增压泵加压到预定压力以上，直接进入贫料收料容器，使操作简便又安全。待装至规定值后，经加热气化卸至 3 $m^3$ 容器中，如图 5-39 所示：

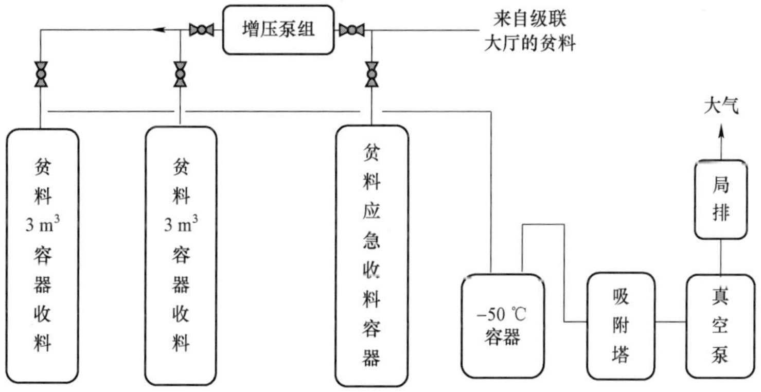


图 5-39　贫料系统

贫料系统的主要设备有，冷风箱、冷热箱、增压泵、电子秤、电阀等，增压泵采用三级增压泵串联增压的加压取料工艺。取料容器采用 3 $m^3$ 六氟化铀容器，用−20～−30 ℃的低温冷风箱冷却收料；事故状态下收料容器采用倒料容器，用−30～80 ℃冷热箱冷却收料，待收到一定量后加热转移物料。为控制容器的装料量，每套低温冷风箱和冷热箱内均设 1 套 15 t 电子秤传感器，在 DCS 系统上显示秤的重量。

（1）冷风箱控制要求

低温冷风箱的控制由现场就地控制柜上的 PLC 实现，PLC 上设置了完善的报警系统及故障诊断显示，温度调节采用 PID 自动调节，使用了智能化控制软件，具备自动组合制冷、加热等子系统的工况，从而保证在整个温度范围的高精度控制。PLC 模块设置 RS485 计算机接口，可在控制室 DCS 系统上完成系统的远传控制。控制室 DCS 系统显示低温冷风箱的三种工作状态："除霜""制冷""故障"及冷风箱内的回风温度，当温度达到高限值时发出声、光报警信号。

（2）增压泵控制要求

每套增压泵组的进、出口均设电动阀，倒料容器入口干管上设电动阀。在"自动"状态下，增压泵组的启、停与其出口电动阀的开、闭联锁。增压泵组启动后，其出口电动阀自动打开；当该电动阀关闭时，增压泵自动停止；同组增压泵在运行过程中，其中任意一台故障停车时，另两台自动停车（陪停），增压泵组出口电动阀自动关闭。当增压泵组进口的电动阀自动关闭时，倒料干管与该增压泵组对应的贫料系统之间的电动阀自动打开。

#### 5.6.2.4　真空辅助系统

真空系统是专门为供取料厂房供、精、贫各系统的净化和抽空而设置。在供料净化过程中，物料经过供料净化冷风箱并充分冷凝后，再通过真空系统的 50 L 容器（–80 ℃）、24 L（或 20 L）凝冻器（–196 ℃）收集残余的物料及轻杂质，尾气经吸附塔、过滤器后，由罗茨真空机组排出，经气溶胶过滤器过滤后排至局部排风系统，经局部排风系统进一步处理后排入大气。净化冷凝到 50 L 容器中的原料 $UF_6$ 可通过小型深冷及加热箱的再蒸发管线转移到净化冷风箱容器中，如图 5-40 所示：

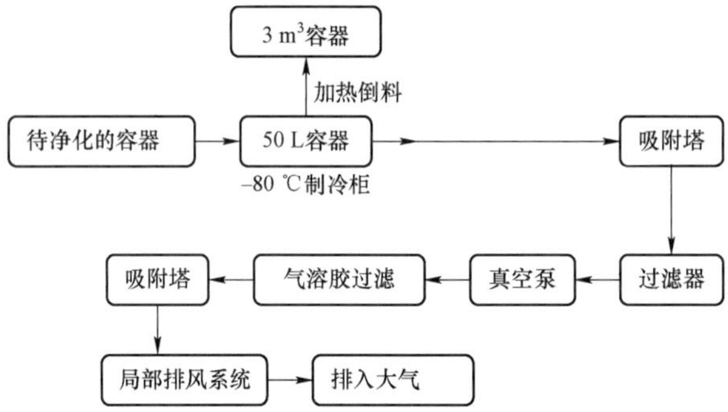


图 5-40　真空辅助系统

#### 5.6.2.5　气体吹洗系统

气体吹洗系统是在设备、容器、管道拆装或检修时为了减少有害物质向工作场所扩散而设置的。

气体吹洗系统一般设置 2 套吹洗装置，一主一备，或两套同时使用。每套吹洗装置包括 1 台 24 L（或 20 L）凝冻器、1 台吸附塔、1 台过滤器、1 台喷射泵和 1 台 2H-15 型滑阀真空泵。喷射泵及滑阀泵的尾气经气溶胶过滤器过滤后排至厂房局部排风系统，局部排风系统进一步处理后排入大气。喷射泵的使用需要压缩空气作为动力。

#### 5.6.2.6　压缩空气系统

压缩空气系统分电磁气动阀用压缩空气和吹洗用压缩空气两个系统，电磁气动阀用压缩空气系统主要用于保证气动阀的运行，吹洗用压缩空气系统主要用于吹洗设备内腔及管道，还有为气体吹洗系统的喷射泵提供动力。

#### 5.6.2.7　冷却水系统

供取料厂房冷却水系统用于带走低温冷风箱、冷热箱的冷凝器热交换时交换出的热量，由冷却塔供给冷却水。供、回水干管经室外接入供取料厂房，进回水干管温差一般在 3 ℃左右。

#### 5.6.2.8　管道电伴热系统

管道电伴热的作用是为了防止 $UF_6$ 在管道内凝结而堵塞管路，在工艺回路中对 $UF_6$ 管道进行伴管加热，以满足原料在管道中畅通流动。管道电伴热的控制是根据工艺管道壁温的设定值温度（如 70 ℃、40 ℃、55 ℃），通过 PID 调节管道电伴热带的控制固态继电器（SSR），自动接通或切断管道电伴热带的电源来实现电伴热的，并设定上下限报警限制。

### 5.6.3　供取料工艺过程检测和控制系统

#### 5.6.3.1　系统构成

供取料工艺过程检测和控制系统普遍采用以 DCS 系统为核心的集散控制系统。监控方式为控制室集中监控和工艺现场就地检测的方式。

供取料工艺过程检测和控制系统设置有中央控制室，供料及供料净化系统、精料系统、贫料系统及辅助工艺系统采用同一套 DCS 系统，通过 DCS 系统实现工艺数据的分散采集，集中处理，画面显示，回路控制，超差报警，联锁保护等功能。在 DCS 操作站上设置有流程图界面、设备操作界面、历史趋势记录、参数报表、报警提示等内容，并可随时打印数据报表。中央控制室各操作员站按授予的 DCS 操作权限对所辖工艺系统进行监测控制。

同时在生产现场根据工艺需要设置有就地操作系统（电动阀、水泵控制盘和就地显示仪表），就地操作系统用来对现场设备进行应急控制操作，与 DCS 系统相串联，操作级别优先于 DCS 系统。当 DCS 系统检修或故障时，可以迅速切换到手动控制并解锁 DCS 系统的设备联锁关系。正常运行工况下的生产过程全部依托于中央控制室集中监控。

供取料工艺过程检测和控制系统设备主要分为四类，分别是操作层设备、控制层设备、设备动力层设备以及现场传感器、检测仪表。DCS 系统控制系统现场过程站与中央控制室采用冗余以太网连接。为确保 DCS 系统的安全可靠对控制器、电源、通讯板卡等关键部件采用冗余配置。

供取料工艺过程检测和控制系统整体网络结构见图 5-41：

（1）操作层设备

操作层设备布置于中央控制室，以便于工艺运行人员对现场工艺状况进行监视和操作。操作层设备的主要作用是给操作人员提供一个全局性的工艺信息，并将关键设备的状

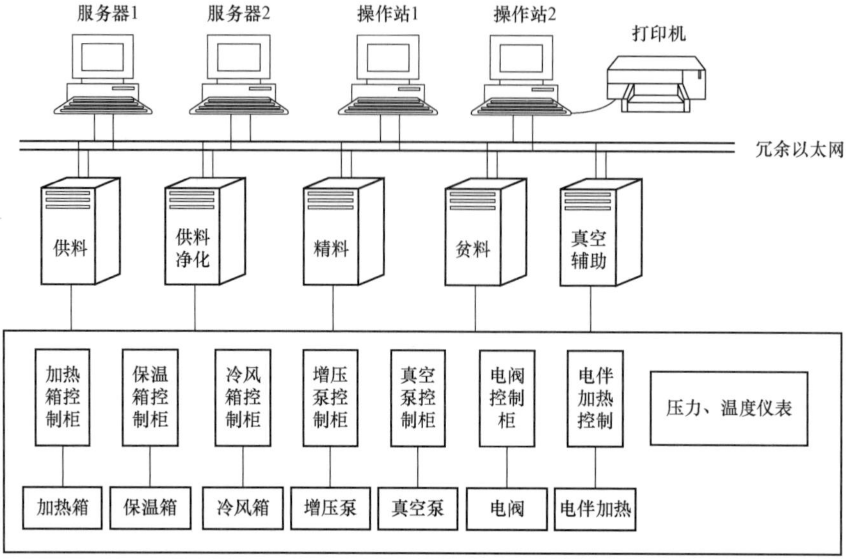


图 5-41 供取料工艺过程检测和控制系统整体网络结构图

态和关键参数的报警以较为醒目、直接的方式展现给操作人员，同时操作员可以通过操作层设备对现场执行机构发出各项指令，并观察执行机构运行状态以及相关运行参数。由 DCS 系统的操作员站、服务器、工程师站（及工艺模拟屏）等自控设备组成。

中央控制室设置有光端机、交换机等网络通讯设备，通过通讯光缆连接供取料工艺系统的各个过程控制站，实现全部供取料工艺系统联网实时监控。

（2）控制层设备

控制层设备是控制系统的核心设备，用于完成整个工艺过程的实时控制功能。接收操作层设备发出的指令，并按照预先设计好的算法程序对现场设备进行控制，同时将工艺过程实时状态及参数上传至控制室的显示装置。主要由 DCS 系统的过程站及 I/O 扩展站、数据通讯站等组成。其中集成有 DCS 控制器、I/O 板卡、网络交换机、电源等部件单元。

（3）动力层设备

动力层设备主要作用是接收来自逻辑层设备的控制指令，并将指令发送到现场执行机构（如电阀、增压泵、真空泵、加热设备等），同时采集现场设备的状态信息并把它们向逻辑层设备传送。主要设备包括阀门控制柜、增压泵/真空泵控制柜、电伴热控制柜等。

在供取料工艺生产环节中自身具有成套性特征的设备（主要是加热箱，冷风箱，增压泵组），其自身带有控制柜，各控制柜以位式 I/O 接点的方式接入 DCS 控制系统。

（4）现场传感器、检测仪表

供取料工艺系统主要监测的传感器参数有：物料压力、物料管道温度、重量（容器中物料的重量）、冷却水压力等。

压力仪表选用的有电容薄膜式绝对压力计、电阻真空计及电接点压力表等。

温度传感器选用的有铠装铂热电阻（Pt100）、铂热电阻（Pt100）及玻璃管温度计。铠装铂热电阻主要用于测量箱体、过滤器温度测量及信号远传，铂热电阻（Pt100）用于电伴热的温度测量及信号远传。

供取料工艺系统采用的电子衡器测量范围为 0～15 t、0～600 kg，用于显示物料的重量，供料、精料、贫料系统采用了 0～15 t 的衡器，衡器二次仪表有重量显示且可以进行去皮操作，同时以 PROFIBUS-DP 现场总线的模式将重量信号传送至 DCS 系统，在控制室显示。

（5）供电系统

控制系统的供电包括逻辑电源及动力电源两大类，并分别配置供配电盘柜。

逻辑电源的稳定性要求较高。通常采用多路电源输入（包括多路市电及多路 UPS），通过静态切换开关无扰切换后，向负载提供稳定的单相 220 V 50 Hz 电源。逻辑电源的负载主要为 DCS 的控制站、I/O 站、现场检测仪表、电动调节阀等。

动力电源采用多路电源输入（包括多路市电及多路 UPS），通过切换开关切换后向负载提供三相五线制 380/220 V 50 Hz 电源，动力电源的负载主要为电动阀、增压泵、真空泵、电伴热盘柜等。

#### 5.6.3.2　监控界面

通过 DCS 系统实现工艺数据的分散采集，集中处理，画面显示，回路控制，超差报警，联锁保护等功能。在 DCS 操作站上设置有流程图及设备操作界面、历史趋势记录、参数报表、报警提示等内容，并可随时打印数据报表。

流程图及设备操作界面依各“工艺单元”布置，各生产线工艺规模不同则“工艺单元”数量不同，各“工艺单元”的监控参数基本相同。

以下为供取料工艺过程检测和控制系统部分典型的工艺流程图画面。

（1）供料系统监控界面

供料系统监控界面见图 5-42。流程图一般包括显示部分和操作部分。

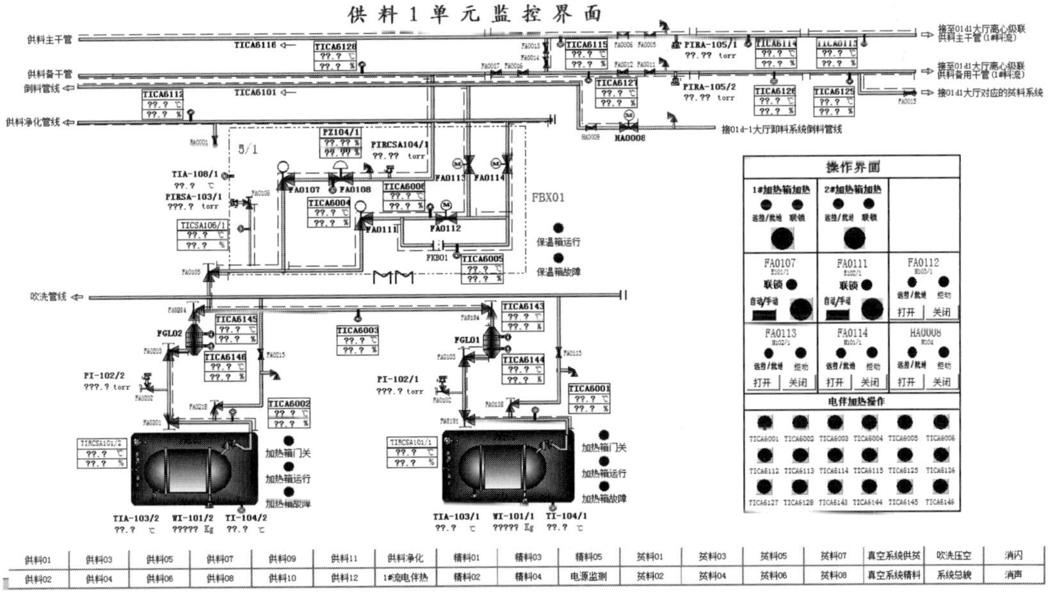


图 5-42　供料系统监控界面

显示内容：供取料工艺系统温度、压力、物料重量等参数显示；

电阀的开关、故障、停止、就地/远控状态显示；

加热箱加热及门状态灯的显示；

电伴热温度及加热状态显示。

操作内容：电阀的打开、关闭命令按钮；

加热箱、电伴热投加热命令按钮；

自动净化参数设置及执行按钮。

（2）精料系统监控界面

精料系统监控界面见图 5-43。流程图一般包括显示部分和操作部分。

显示内容：精料工艺系统温度、压力、物料重量等参数显示；

电阀的开关、故障、停止、就地/远控状态显示；

冷风箱制冷、除霜、故障状态显示；

增压泵状态、电流、电压显示。

电伴热温度及加热状态显示。

操作内容：电阀的打开、关闭命令按钮；

增压泵的启停及调频按钮；

电伴热投加热命令按钮；

自动净化参数设置及执行按钮。

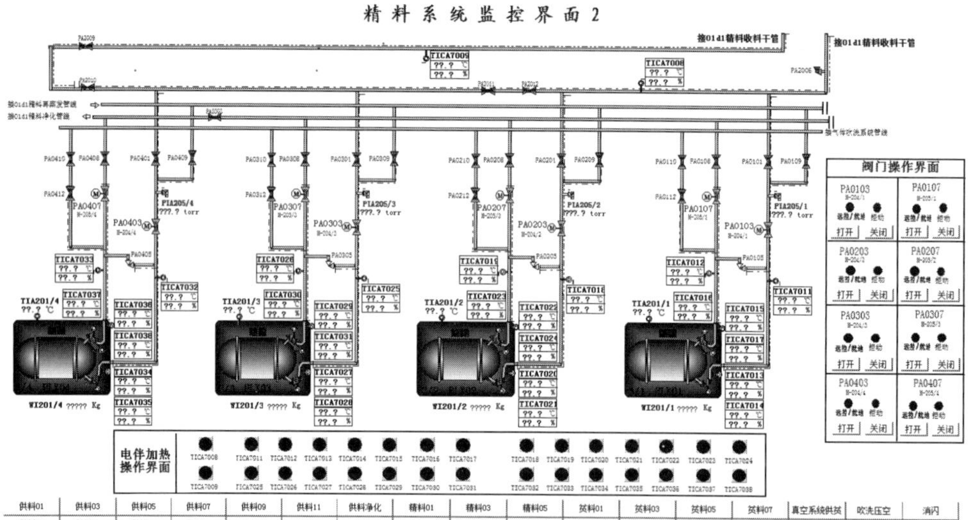


图 5-43 精料系统监控界面

（3）贫料系统监控界面

贫料系统监控界面见图 5-44。流程图一般包括显示部分和操作部分。

显示内容：贫料工艺系统温度、压力、物料重量等参数显示；

电阀的开关、故障、停止、就地/远控状态显示；

冷风箱制冷、除霜、故障状态显示；

增压泵状态、电流、电压显示；

电伴热温度及加热状态显示。

操作内容：电阀的打开、关闭命令按钮；

增压泵的启停及调频按钮；

电伴热投加热命令按钮。

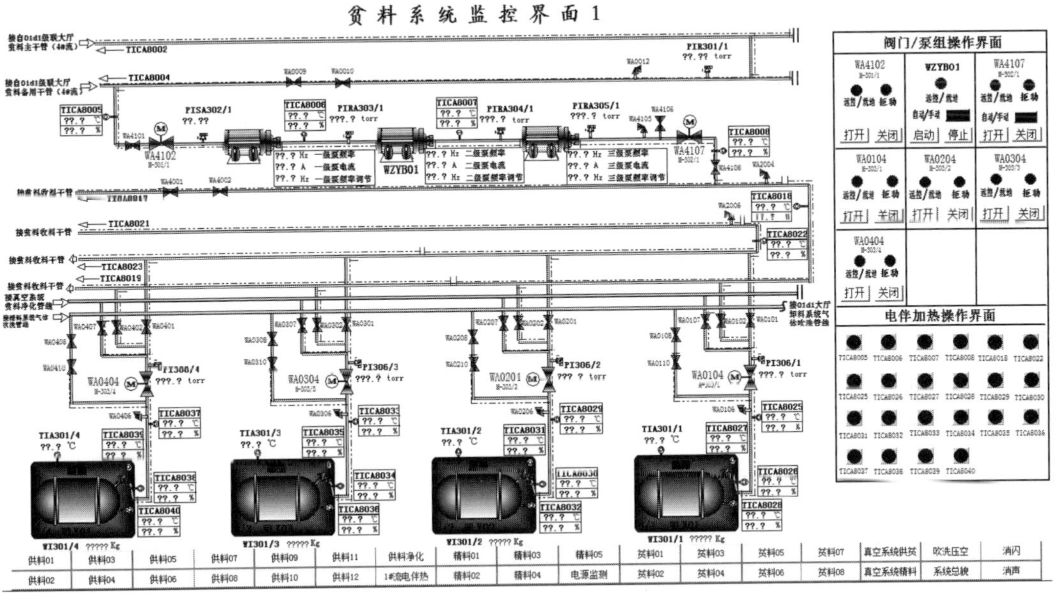


图 5-44　贫料系统监控界面

（4）供料净化监控界面

供料净化监控界面见图 5-45。流程图一般包括显示部分和操作部分。

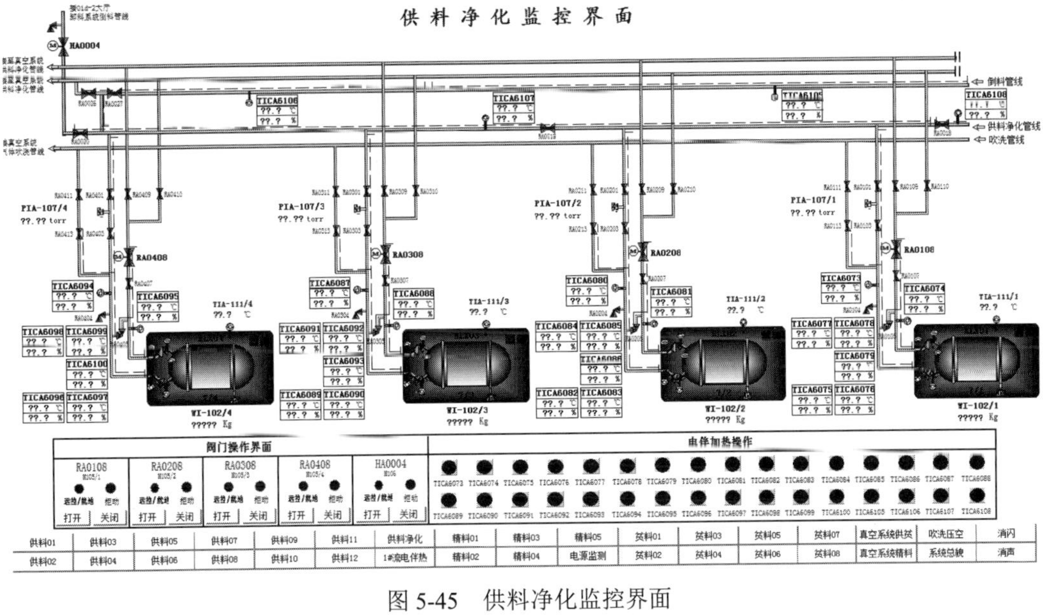


图 5-45　供料净化监控界面

显示内容：贫料工艺系统温度、压力、物料重量等参数显示；
电阀的开关、故障、停止、就地/远控状态显示；
冷热箱加热、故障状态显示。
操作内容：电阀的打开、关闭命令按钮；
电伴热投加热命令按钮。

（5）真空系统监控界面

真空系统监控界面见图 5-46。流程图一般包括显示部分和操作部分。

显示内容：真空工艺系统温度、压力等参数显示；
电阀的开关、故障、停止、就地/远控状态显示；
深冷箱制冷、除霜、故障状态显示；
真空泵状态、故障、就地/远控显示。
操作内容：电阀的打开、关闭命令按钮；
真空泵的启停按钮。

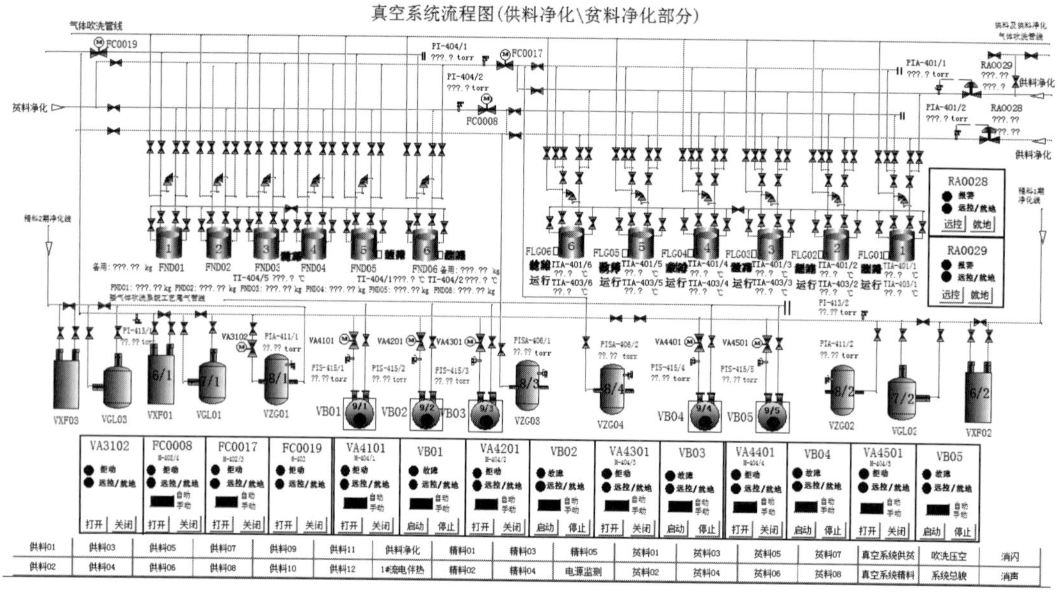


图 5-46　真空系统监控界面

# 5.7　液化均质工艺过程检测和控制系统

## 5.7.1　系统概述

液化均质系统主要作用是将级联生产出的 $UF_6$ 精料经过加热液化进行充分对流均质，保证产品同位素丰度、杂质含量混合均匀。是离心法铀浓缩工厂生产工艺系统的最后一个环节。

液化均质工艺系统主要分为均质加热系统、卸料系统、抽空净化系统等。主要工艺设备包括压热罐、冷风箱、真空泵、送排风机、电子衡器、空压机组及辅助工艺设备等。

液化均质工艺过程检测和控制系统对液化均质工艺生产过程的工艺参数和设备运行状态进行检测、控制。

液化均质工艺过程检测和控制系统早期一般采用的是自控仪表盘柜加现场仪表的常规控制系统，只能基本满足液化均质工艺生产要求。随着工艺技术进步及产能调整需求，结合工艺改造，确保对液化均质工艺生产可靠监控，液化均质自控系统由常规仪表控制系统升级为 DCS 集散控制系统。升级改造后的自控系统功能更加完善，实现了液化均质系统设备运行情况和工艺参数在新设置的控制室内实时集中监控，满足了液化均质系统生产工艺改变、生产能力提高后的各项技术需求，增强了液化均质工艺过程检测和控制系统的适应性、准确性和可靠性，确保了液化均质工艺生产安全、稳定进行。

## 5.7.2　工艺系统控制要求

### 5.7.2.1　检测控制内容

液化均质工艺过程检测和控制系统监控的主要内容包括液化均质工艺设备的运行状态，工艺管道的温度、压力、电伴热调节，工艺物料称重，厂房内有毒气体浓度等参数的检测显示和报警联锁等。

（1）主要检测控制参数

- 参数检测

液化均质工艺设备、管道系统的工艺过程参数（温度、压力、重量）检测；压缩空气压力；厂房内有毒气体（HF）浓度测量。

- 状态检测

主要包括压热罐门开关状态信号；均温风扇启停状态；压热罐加热主回路通断状态；工艺电动阀门开闭状态；冷风箱的运行状态；真空泵组启停状态；空压机启停状态；全排、局排风机启停状态；厂房密封门开闭状态等信号。

- 控制输出

主要包括均温风扇启停；压热罐的电气加热主回路通断；工艺系统电动阀门开闭；空压机启停；全排、局排风机启停；厂房密封门开闭；工艺管道电伴热控制等。

- 自动调节

主要包括液化均质系统电加热器功率调节；均温风扇变频调速；工艺管道电伴热温度自动调节。

（2）输入输出信号类型

- 输入信号

包括三大类：

第一类为模拟量输入信号。包括：由现场温度传感器来的 Pt100 热电阻信号；现场压力传感器来的 4～20 mA.DC 及 0～10 V.DC 标准信号；有毒气体检测仪表来的 4～20 mA.DC 标准信号；其他检测、变送单元输出的 4～20 mA.DC 标准信号。

第二类为开关量输入信号。包括：工艺设备的启停状态；工艺阀门的开关状态；工艺运行方式等。

第三类为 RS485 通讯信号。RS485 通讯信号来自一部分工艺设备，主要包括物料称重电子秤、空气压缩机等设备。

● 输出信号

包括两大类：

一类输出信号为模拟量输出信号，主要为 4～20 mA.DC 信号。

另一类信号为开关量输出信号，主要为设备启停控制、阀门开闭操作、电伴热控制等信号。

开关量输入、输出接点全部为无源接点，接点容量为交流 220 V/5 A。

#### 5.7.2.2　检测仪表选型

（1）温度检测仪表

远传温度传感器选用 WZPK 型铠装铂热电阻；现场显示型温度表选用 WSS 型双金属温度计。

（2）压力检测仪表

就地指示型绝压检测选用膜盒式绝对压力表；就地指示型压力表选用 Y-150 型普通弹簧管压力表；远传型绝压检测传感器主要选用薄膜真空计绝对压力变送器；表压类远传压力变送器主要选用 CEC 型电容压力变送器。

（3）电伴热带

工艺管道电伴热带主要选用单相恒功率电热带。容器连接角阀、软管电伴热主要选用定功率电热带。

#### 5.7.2.3　压热罐系统运行及联锁

压热罐是液化均质工艺生产的核心设备，液化均质生产过程控制主要是围绕着对压热罐加热过程的控制进行的。

压热罐工作原理就是通过可调节功率的电加热器加热罐内空气，进而加热装入其内的物料容器，使容器内物料受热，达到液化均质的目的。为保证压热罐内空气温场均匀，罐内还配有均温电风扇。

为保证液化均质过程可靠受控，对压热罐控制设置了一系列的运行联锁条件。压热罐加热及均温风扇运行的联锁均在 DCS 上实现，控制操作在控制室 DCS 操作站上进行。当联锁条件不满足时自动切断均温风扇或加热器电源，停止压热罐加热过程。压热罐加热器工作情况、风扇运行状态等参数均上传给 DCS，并在控制室 DCS 操作站上进行显示。

（1）压热罐均温风扇控制

压热罐均温风扇采用变频器进行软启停。

压热罐均温风扇使用三相交流电机，风机启停时需先在变频器控制面板上设定频率，频率设定后则即可以在变频器面板上就地启停风机，也可以在控制室操作站上远控启停压热罐风机。

变频器控制面板上有其输出电压、电流、频率等参数显示，并将风扇运行电流值上传给 DCS，控制室 DCS 操作站可看到均温风扇三相运行电流。

压热罐均温风扇的运行联锁条件如下：

- 风扇变频器主回路电源已接通；
- 压热罐内空气压力未达到高限报警值；
- 风扇变频器无故障报警。

当压热罐风扇运行的联锁条件同时满足时，在操作站发出风扇“启动”命令，风扇启动运转，操作站画面中风扇运行指示显示为绿色。若压热罐风扇运行的联锁条件不能同时满足或在控制室发出风扇“停止”命令时，压热罐风扇停止运转，风扇运行指示显示为红色。

（2）压热罐电加热器主回路控制

压热罐电加热器控制首先是对其电气主回路接触器的“接通”和“断开”进行控制。加热主回路“断开”则加热器无法加热。只有在加热主回路“接通”的情况下，加热器才能加热工作，进而对压热罐加热温度进行控制调节。操作压热罐加热器电气主回路接触器的“接通”和“断开”在控制室 DCS 操作员站上进行。其联锁控制条件为：

- 压热罐的门已关好（信号手柄已按下，门状态指示为绿色）；
- 压热罐的风扇已启动运行（风扇运转指示为绿色）；
- 压热罐内加热器表面温度未达到高高限报警值；
- 压热罐内液化容器内温未达到高限报警值；
- 压热罐内液化容器内压未达到高高限报警值；
- 厂房内 1#、2#、3#HF 毒性气体检测值未达到高高限报警值；
- 压热罐密封空气压力高于低限报警值（此项仅针对气压密封型压热罐）。

当压热罐加热主回路接触器接通的联锁条件同时满足，在控制室操作站发出加热“接通”命令时，加热主回路接触器接通，加热器状态指示为绿色。若压热罐加热主回路接通的联锁条件不能同时满足或在操作站发出“断开”加热命令时，加热主回路接触器断开，加热器状态指示为红色。

（3）压热罐加热温度控制

压热罐的加热温度控制主要通过控制其电加热器加热功率实现。

压热罐电加热器的加热功率可通过改变其输入电压进行连续调节。电加热器输入电压来自现场电气柜上安装的智能三相可控硅调压器。可控硅调压器根据 DCS 发出的 4～20 mA.DC 调节信号对其输出电压进行连续调节，实现对压热罐的加热温度调节。现场调压器彩屏上有其交流输出电压、电流、功率显示，同时将加热器三相电流值上传给 DCS，控制室 DCS 操作站可看到加热器三相工作电流。

压热罐加热温度的调节是液化均质工艺过程调节的关键参数，可选择自动调节和手动调节两种调节方式。

压热罐加热自动调节是由 DCS 根据检测出的压热罐内液化容器外壁温度自动调节控制压热罐加热过程。当运行人员根据工艺需要在操作站上设定好液化容器外壁温度控制范围（上下限值）后，DCS 通过软件程序自动调整压热罐加热可控硅输出功率，使液化容器逐步升温并稳定在设定的温度控制范围内。

为保证加热过程安全稳定，加热过程还需满足下列联锁条件：

- 当压热罐内空气温度达到高限报警值时，自动切断加热电源并在操作站发出高限声光报警信号；
- 当压热罐电加热器表面温度达到高限报警值时，自动切断加热电源并在操作站发出高限声光报警信号。

压热罐加热手动调节是由运行人员根据工艺运行情况手动控制加热可控硅输出功率，使液化容器外壁达到设定温度。

不管是自动控制压热罐加热温度，还是手动控制压热罐加热温度，当不同时满足压热罐加热联锁条件时，压热罐加热主回路接触器自动断开，停止压热罐加热过程并发出声光报警信号。

#### 5.7.2.4　HF 检测及报警联锁

液化均质工艺厂房内分布安装有多套 HF 检测报警装置对生产现场 HF 气体浓度进行检测、现场显示和超限报警，同时将检测数值上传给 DCS。当检测到 HF 气体浓度达到设定限值时，DCS 自动控制相关生产设备进行联锁动作，防止事故扩大。

按照工艺要求，多套 HF 毒性气体探测器安装在工艺厂房不同检测位置，检测到 HF 气体浓度达到报警设定值时 DCS 联锁保护动作，典型的保护动作如下（根据工艺要求具体设置）：

（1）断开全部压热罐加热主回路接触器，停止压热罐加热；

（2）操作全部 1 英寸阀电动操作装置关闭液化容器阀门；

（3）打开事故收料电动阀；

（4）断开局排风机启动接触器，停局排风机；

（5）断开全排风机启动接触器，停全排风机；

（6）关闭厂房的电动密封大门。

### 5.7.3　液化均质工艺过程检测及控制系统

#### 5.7.3.1　系统构成

液化均质工艺过程检测及控制系统采用 DCS 系统为核心构成集散控制系统。监控方式为控制室集中监控和工艺现场就地检测的方式。

控制设备大体可分为上下两个层级，如图 5-47 所示。上层设备主要为 DCS 系统的操作员站；下层为 DCS 系统的过程控制站设备及现场仪表、执行器等。各类检测仪表和执行器随设备和工艺管道安装。DCS 过程站与操作站之间采用以太网连接，具有良好的扩展能力，并可直接与管理网连接。为确保 DCS 系统的安全、可靠，对控制器、电源、通讯板卡采用了冗余配置。

各种检测参数、报警信号、工艺设备的工作状态等工艺信号进入 DCS 后，经过软件程序处理，将在操作站（CRT）画面上进行显示。工艺运行人员根据操作站显示了解工艺生产情况，在操作员站上发出指令控制工艺运行。DCS 系统发出的控制信号则根据其控制对象的不同，通过 DCS 过程站输出单元送至各控制对象。

同时在生产现场根据工艺需要设置有就地手动操作系统（电气控制盘和就地显示仪表），就地操作系统用来对现场设备进行应急控制操作，与 DCS 系统相串联，操作级别优先于 DCS 系统。当 DCS 系统检修或故障时，可以迅速切换到手动控制并解锁 DCS 系统的设备联锁关系。

工艺管道电伴热系统由电气系统提供两路（互为备用）市电（220 V，50 Hz）电源进入电伴热配电箱，再由电伴热配电箱按固态继电器分组分路进入各个电伴热控制盘。

液化均质工艺过程检测和控制系统设置有一个控制室，控制室内主要放置有 DCS 系统操作员站及工业视频监控系统设备，液化均质工艺运行人员在操作员站上进行工艺监控。

液化均质工艺过程检测和控制系统整体网络结构见图 5-47。

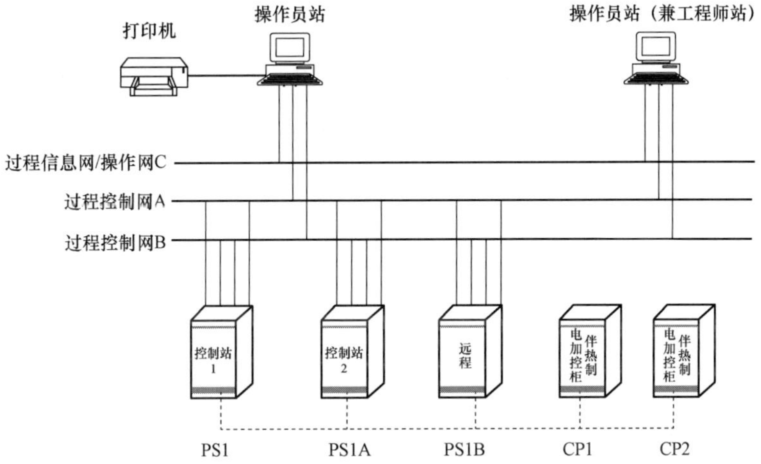


图 5-47　液化均质工艺过程检测和控制系统网络结构图

控制室设置有光端机、交换机等网络通讯设备，通过通讯光缆连接工艺系统的各个过程控制站，实现全部工艺系统联网实时监控。

控制室内共布置有多个操作台，用于放置 DCS 系统工控计算机、打印机等。按需配置操作员站、工程师站和服务器。

辅助工艺运行人员在操作员站上进行工艺监控。

工程师站除可完成操作员站的全部功能外，还具有 DCS 系统软件组态编程、修改关键工艺设定值、对各操作员站进行分级授权等功能。

#### 5.7.3.2　监控系统

通过 DCS 系统实现工艺数据的分散采集，集中处理，画面显示，回路控制，超差报警，联锁保护等功能。在 DCS 操作站上设置有流程图界面、设备操作界面、历史趋势记录、参数报表、报警提示等内容，并可随时打印数据报表。以下为液化均质工艺过程检测和控制系统部分典型的工艺流程图画面，如图 5-48、图 5-49、图 5-50。

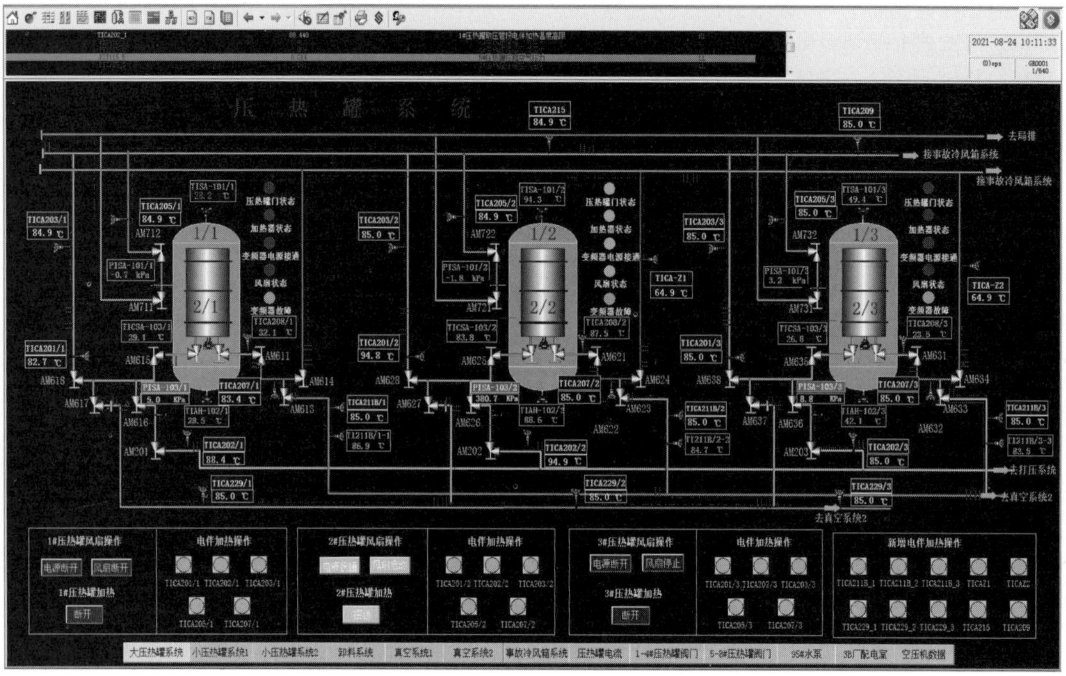


图 5-48 液化均质工艺压热罐系统流程图画面

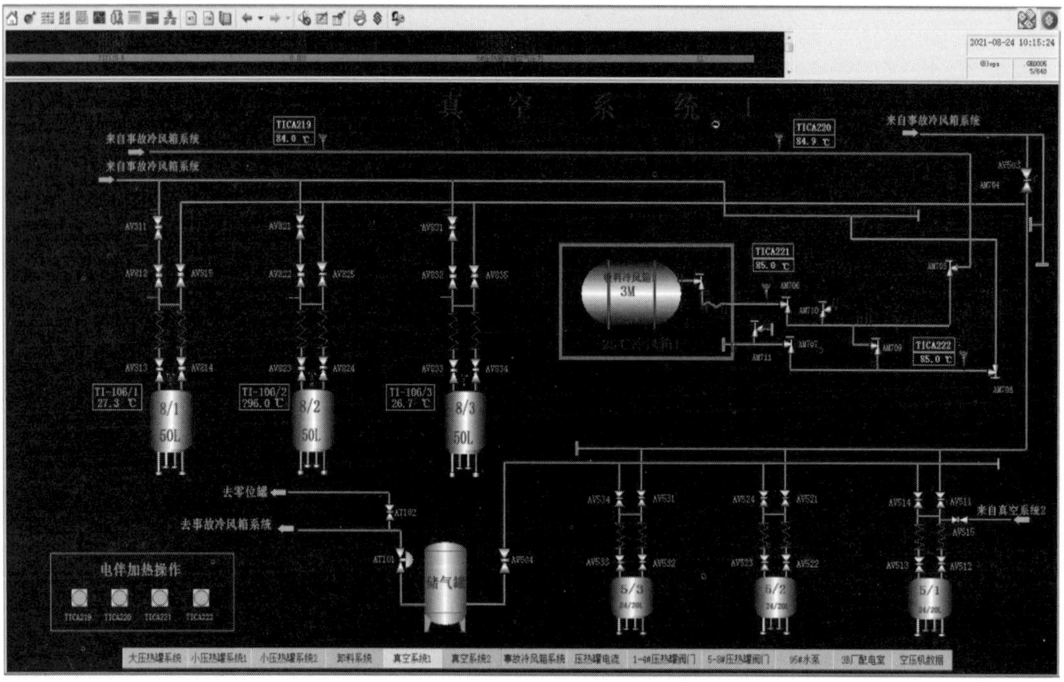


图 5-49 液化均质工艺真空系统流程图画面

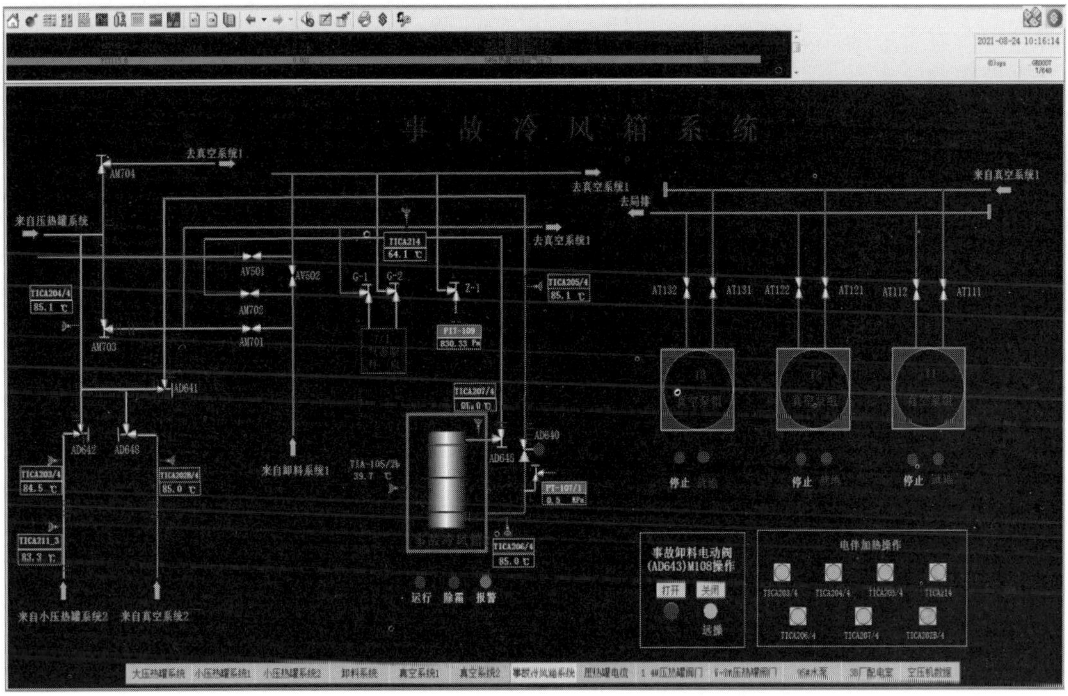


图 5-50　液化均质工艺事故冷风箱系统流程图画面

# 5.8　辅助工艺过程检测和控制系统

## 5.8.1　系统概述

辅助工艺系统是指为保证主工艺系统安全稳定高效生产而配置的外围工艺系统。主要作用是为主工艺运行提供合格的冷却水、（液氮、压缩空气）和厂房空气调节等。满足各类主工艺设备对冷却水水质、水温、水压的要求，保证主工艺厂房的温度、湿度、露点等空气参数符合生产要求。

辅助工艺系统一般都是与主工艺系统配套同步建设，拥有多条生产线的工厂其辅助工艺系统安装时间都是跨度较大，因此各分系统从使用的主要设备型号，数量布局，到工艺运行理念等方面也各不相同，但各分系统的功能、作用基本保持一致（压缩空气和液氮供应系统一般只设置在第一条生产线，同时供应后续建设的生产线；通过工厂流程优化，压缩空气和液氮供应系统目前已经淡出离心工厂的五大连续系统）。各辅助工艺系统分系统总体上独立运行。

辅助工艺过程检测和控制系统最初也是对应各分系统独立配置的。受建设时技术、资金、设计思路等条件制约，各分部自控系统也有所差别。技术上既有采用仪表、盘柜组成的常规自控仪表系统，也有采用计算机控制的 DCS 集散系统。

近年来为优化工艺运行提高生产效率，推进技术进步增强系统管控能力，适应改革发展需要，不断对辅助工艺自控系统进行技术改造。从整体结构上进行了系统性的升级改造，更新相关设备，整合系统资源，遵从集中管理、分散控制的原则设计，大幅提升了辅助工艺系统自动化水平。

基于 DCS 系统设计的辅助工艺过程检测和控制系统监控覆盖全部辅助工艺系统，实现辅助工艺参数集中显示、分散控制。将传统的仪表控制系统上升到计算机过程控制系统。应用智能化的自动控制理念，可靠的工艺参数监测和安全保护措施，构筑了满足辅助工艺生产要求的自动化控制系统。

实现辅助工艺各分部过程检测和控制系统间联网控制的同时，为进一步技术改造留有充分的冗余和升级空间。

## 5.8.2 工艺系统组成及控制要求

### 5.8.2.1 冷却水系统

冷却水系统的主要作用是为主工艺生产提供合格的冷却水，满足工艺主机、变频器、补压机等主工艺设备对冷却水水质、水温、水压的要求。

各生产线冷却水系统根据主工艺运行需求，在生产规模、厂房布局、设备选型、工艺环节安排上有所不同，但总体工艺流程基本相同。

冷却水系统工艺流程见图 5-51：

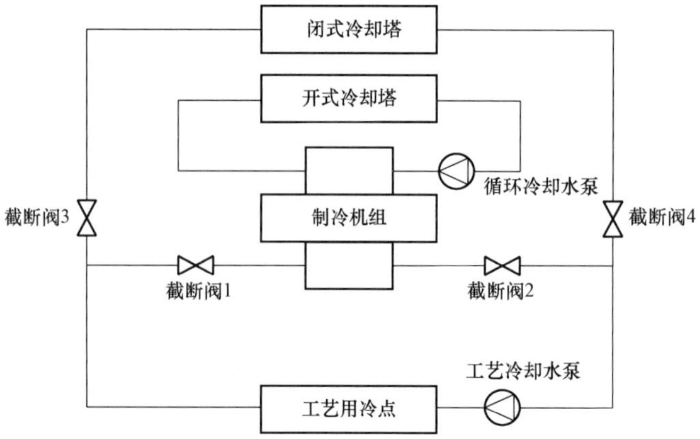


图 5-51 制冷系统工艺流程图

冷却水系统在不同气象条件下，可分为以下 3 种不同的运行工况。

（1）直冷模式：当室外湿球温度较低时，关闭阀 1、阀 2，开启阀 3、阀 4，制冷机、循环水泵、开式冷却塔停止运行，采用自由冷却设备（闭式冷却塔）进行工艺冷却水的冷却，为冬季节能模式。

（2）联合制冷模式：当室外湿球温度 9.5 ℃≤$T_s$<12 ℃时，闭式冷却塔与制冷机组混合运行，通过同时开启阀 1、阀 2、阀 3、阀 4，系统部分负荷由闭式冷却塔承担，不足部分由制冷机组承担。此种模式尽可能提高闭式冷却塔利用率，保证工况交替切换时工艺冷却水温度合格、稳定，实现最大程度的节能，适用于室外早晚温度变化较大的交替季节。

（3）制冷机组制冷模式：当室外湿球温度较高时，关闭阀3、阀4、开启阀1、阀2，启动制冷机、开式冷却塔、循环水泵，采用制冷机组进行工艺冷却水的冷却，为夏季制冷模式。

冷却水自控仪表系统对冷却水生产过程的工艺参数进行检测、报警、控制、调节，分为就地监测和远程控制两部分。

就地监测部分为各设备自带电气控制柜和压力、温度检测仪表等，可对冷却水系统的运行参数和设备进行就地检测、控制，并将数据上传给DCS系统。

远程控制部分为DCS系统，可对冷却水系统全部设备工作状态和运行参数进行实时显示、超限报警、联锁保护、远程控制。

主要工艺环节包括冷冻工艺系统，工艺冷却水系统（主机冷却水系统、变频器冷却水系统等），循环冷却水系统，反渗透水处理系统，闭式冷却塔系统等。

（1）冷冻工艺系统

冷冻系统主要设备为多台“冷水机组”。冷水机组是冷却水工艺系统的核心设备，整个冷却水工艺系统均是围绕冷冻机组进行的。

每台冷水机组自带专用智能控制器控制本机组运行，本机组运行参数显示、控制操作在机组控制箱触摸显示屏上进行。

智能控制器带有MODBUS通讯接口（或冷水机组自有接口），以MODBUS-RTU通讯协议（或冷水机组自有接口协议）进行冷水机组智能控制器与DCS系统实时通讯。

多台冷水机组智能控制器通讯总线以手拉手方式连接，通讯信号接至DCS过程站通讯板卡，实现DCS对冷冻机组的远程监控。

各机组冷凝器冷却水出水、蒸发器出水阀门均带电动执行机构，自控系统对电动阀门开关状态进行显示、控制。

（2）工艺冷却水系统

工艺冷却水系统是冷却水系统的输出单元。主要设备有：多台主机冷却水循环泵，多台变频器冷却水循环泵，及相应的供、回水管道、阀门等。

各循环水泵均为变频泵，水泵出口阀均带电动执行机构。

自控仪表系统对各泵前、后的水压，供、回水干管的压力、温度，泵的运行状态、运行电流、频率，阀门开关状态进行显示，控制。

工艺运行中各水泵通常采用有用有备方式运行：当有工作泵出现故障或泵出口压力低于下限设定值时，DCS自动启动备用泵，同时关闭故障泵及其出口电动阀，并在新启动备用泵的出口压力达到设定限值后，打开其出口电动阀，接入系统运行。

（3）循环冷却水系统

循环冷却水系统的主要作用是降低冷水机组循环冷却水温度，带走冷水机组运行过程中产生的热量。主要设备包括：多台冷却水泵，多台开式冷却塔（风机），集水池，及相应工艺管道等。

各循环冷却水泵、开式冷却塔风机均可变频运行，水泵出口阀均带电动执行机构。

自控仪表系统对各泵前、后的水压，供、回水干管的压力、温度，集水池温度、水位，泵的运行状态、运行电流、频率，阀门开关状态进行显示，控制。

工艺运行中各水泵通常采用有用有备方式运行：当工作泵出现故障或泵出口压力低于下限设定值时，DCS 自动启动备用泵，在备用泵出口压力达到设定限值时，打开备用泵的出口电动阀，再关闭故障泵及相应出口电动阀。

多台开式冷却塔风机可利用冷却塔进水温度自动控制启停台数。当进水温度高于限值时，冷却塔风机按编号顺序启动运行；当水温低于限值时，冷却塔风机按编号顺序自动停机退出运行。

（4）闭式冷却塔

闭式冷却塔主要作用是在冬季环境温度较低时，代替制冷机组和开式冷却塔、循环冷却泵运行，生产符合工艺运行要求的工艺冷却水，满足系统工艺水温的要求，同时起到一定的节能降耗的作用。每套闭式冷却塔含冷却风机一台、喷淋泵两台。

闭式冷却塔系统根据室外湿球温度、供回水总管水温控制运行。

闭式冷却塔风机运转频率根据其出水干管温度变化动态调整，按出水温度偏离设定值情况，降低或提高冷却塔风机转速。当风机变频器输出频率低至下限值时，依次减少冷却塔风机开启台数，当运行风机频率升至 50 Hz 时，依次增加冷却塔风机开启台数。

自控仪表系统对各闭式冷却塔内循环冷冻水给水温度，风机、喷淋泵的运行状态、电流、频率，电动阀开关状态和 2 套供、回水干管温度、一个室外湿球温度进行显示、控制。

### 5.8.2.2 空调系统

辅助工艺空调系统主要作用是保证主工艺生产在良好的温湿度环境下进行，将工艺大厅温度、湿度、露点等空气参数控制在符合标准要求的范围内，使大厅保持恒定的温湿度和微正压的空气状态。

辅助工艺各分部采用的均为自带冷热源装置的直膨式空调机组。

直膨式空调机组主要由空气处理机组（组合式空调机箱体）和风冷式热泵型屋顶机（室外机）两大部分组成，室外机蒸发器安装在室内空调箱体中，两部分之间用铜管直接连接，内通冷媒，空气经过盘管蒸发器降温除湿（或加热）等热湿处理后送入工艺大厅。

由于各分部厂房规模、数量、布局方式各不相同，需要的送风量、调节精度也有区别，因此选用的空调机组规格、数量、品牌也各不相同。但采用的同为将单个空调机组送、回风接入所属空调机房送、回风总管的集中空调方式。

在供取料、液化均质等厂房为保证厂房内空气符合生产标准要求，还设置有全排风和局排风系统。

（1）空调工艺流程

将空气在空调机组内进行热湿处理后集中送入送风竖井，再经送风管道从主工艺大厅顶部散流送风口进入工艺大厅。热湿处理后的空气与大厅内空气进行充分的混合交换后通过工艺大厅底部回风分配器集中送入回风竖井，再经回风管道回至空调机组循环进行空气的热湿处理。

空调系统工艺流程示意见图 5-52：

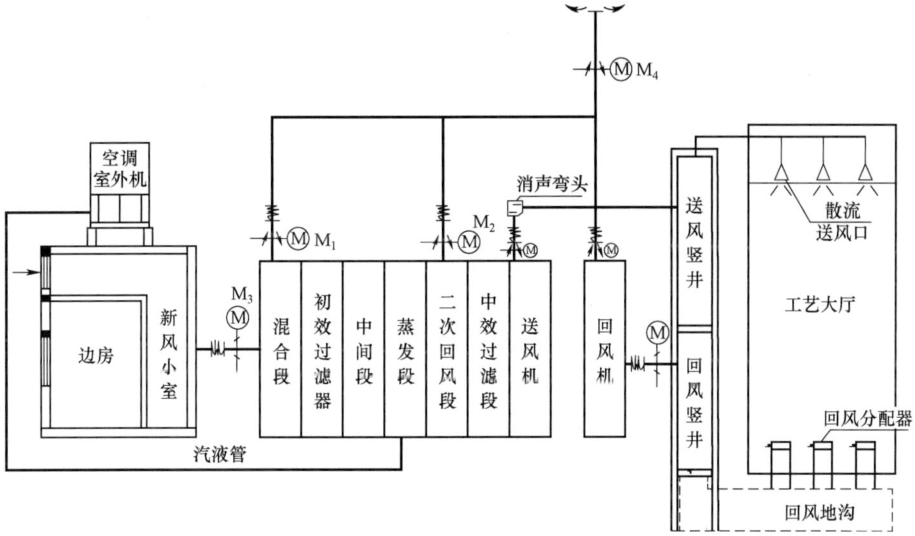


图 5-52　空调系统工艺流程示意图

（2）大厅空气测点及风口布置

根据设计情况在工艺大厅内设置温度、露点传感器，实时监测大厅温度、露点参数。传感器分布安装在大厅不同位置和高度上。

工艺大厅气流组织形式为上送下回。屋顶设置散流器送风口，地面设置回风口。送、回风口均可手动调整开度从而控制大厅内气流分配。

（3）空调箱体空气测点及风阀

每套空调箱体在混合段、蒸发段前、蒸发段后分别设置有机组温湿度传感器。其中混合段设置的温湿度测点参与机组室外机自动控制，其他测点为室内机组运行参数监测点。

空调箱体的新风、送风、一次回风、二次回风阀门均为电动调节阀。

（4）空气调节工况

夏季运行采用一次回风制冷工况；冬季采用新风+回风工况，用引入的新风负荷带走室内热负荷；过渡季节根据大厅空气参数进行适当调整。

调节温度的主要方式有以下三种：

- 根据环境负荷变化情况调整空调机组运行工况

空调机组主要有通风、制冷、制热三种工况。

在所选择工况下机组各电动风门自动设置开度，机组运行过程中各风门开度均不再调整。

- 根据大厅空气参数调整送风量

主要通过调整空调机组投入运行的台数和风机运转的频率实现温度调节。

- 根据机组参数调整冷源负荷

根据空调机组混合段空气测点的温、湿度实时值，按机组所设定的参数逻辑控制关系调整室外机的负荷。在温度或露点高于设定值时，启动室外机进行制冷，当温度或露点低于设定值时，停止室外机制冷运行。即通过控制室外机的启停调整冷源负荷。

（5）空调机组控制方式

每台空调机组自带可编程控制器（PLC）为核心组成的专用智能控制器。

机组控制器控制本机组的运行，机组运行参数显示、控制操作在机组控制箱触摸显示屏上进行。

智能控制器带有 PROFIBUS-DP 或同类总线通讯接口。

各机房内空调机组控制器通讯总线以手拉手方式连接后引至 DCS 过程站通讯板卡接口，以总线通讯方式进行空调机组控制器与 DCS 系统的实时通讯，实现 DCS 系统对空调机组的远程联网监控。

（6）全排风和局排风系统

供取料、液化均质等厂房通风系统与工艺大厅不同，其进风系统和排风系统独立设置，厂房内空气不循环使用。

进风系统主要是将外部空气进行过滤净化后经送风管道送入厂房。

排风系统则分为全排风系统和局排风系统。全排风系统是将厂房内空气经排风管道由排风机直接排出。局排风系统则是在特定工艺部位设置局排风管道和引风口，特定工艺点的空气经引风口吸入净化过滤器净化合格后再由局排风机排出厂房。

全排风系统的风机启停、电动风门开闭等操作，可在就地控制器上操作，也可以通过 DCS 系统远程控制。

局排风系统分别在各级过滤器上安装有用于检测过滤器前后压差的电容式差压变送器，差压变送器测量值送入 DCS 系统进行显示。DCS 通过差压值判断过滤器工作状况，当差压值超出设定范围，DCS 系统报警提示操作人员处理。局排系统风机、风门操作与全排风系统一样，可在就地控制器上操作，也可以通过 DCS 系统远程控制。

全排、局排风机通过 DCS 系统与厂房内 HF 检测仪表实现联锁，当厂房内不同工艺位置安装的 HF 检测传感器检测到 HF 浓度超过高限值时，DCS 系统按不同厂房设定的工艺条件、工艺顺序与工艺设备自动保护操作同步进行全排风机和局排风机的停机保护操作。

## 5.8.3 辅助工艺过程检测和控制系统

### 5.8.3.1 系统构成

辅助工艺过程检测和控制系统采用 DCS 系统为核心构成集散控制系统。监控方式为控制室集中监控和工艺现场就地检测的方式。

通过 DCS 系统实现工艺数据的分散采集，集中处理，画面显示，回路控制，超差报警，联锁保护等功能。在 DCS 操作站上设置有流程图界面、设备操作界面、历史趋势记录、参数报表、报警提示等内容，并可随时打印数据报表。为确保 DCS 系统的安全可靠对控制器、电源、通讯板卡等关键部件采用冗余配置。

同时在生产现场根据工艺需要设置有就地手动操作系统（电动阀、水泵控制盘和就地显示仪表），就地操作系统用来对现场设备进行应急控制操作，与 DCS 系统相串联，操作级别优先于 DCS 系统。当 DCS 系统检修或故障时，可以迅速切换到手动控制并解锁 DCS 系统的设备联锁关系。

在辅助工艺生产环节中自身具有成套性特征的设备（主要是冷水机组，反渗透水处理机组，空调机组等），其自身带有机组控制器（箱、柜），各控制器以网络通讯方式接入 DCS 控制系统。

辅助工艺系统设置有一个集中控制中心，通过集中控制中心将各分部辅助工艺检测与控制信号集中监控。（或在各分系统还分散设置有值班点和操作员站，各操作员站按授予的 DCS 操作权限对所辖工艺系统进行监测控制。）

辅助工艺过程检测和控制系统整体网络结构见图 5-53：

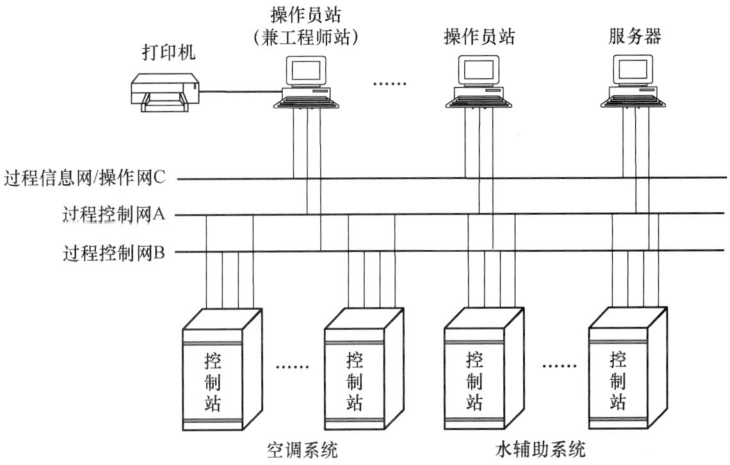


图 5 53　辅助工艺自控系统整体网络结构图

集中控制中心设置有光端机、交换机等网络通讯设备，通过通讯光缆连接辅助工艺系统的各个过程控制站，实现全部辅助工艺系统联网实时监控。

集中控制中心控制室内共布置有多个操作台，用于放置 DCS 系统工控计算机、打印机等。按需配置操作员站、工程师站和服务器。

辅助工艺运行人员在操作员站上进行工艺监控。

工程师站除可完成操作员站的全部功能外，还具有 DCS 系统软件组态编程、修改关键工艺设定值、对各操作员站进行分级授权等功能。

各分系统 DCS 子系统在操作员站上以组态界面区分。

#### 5.8.3.2　监控系统总貌

辅助工艺 DCS 实时监控系统监控画面包括流程图画面、参数趋势画面、数据一览画面、报警一览画面、控制分组画面等。

（1）流程图画面

流程图一般包括显示部分和操作部分，有部分流程图仅有显示部分。

显示内容：辅助工艺系统温度、压力、流量、液位、电流、频率参数显示；

电动阀的开闭、故障、停止、就地/远控状态显示；

水泵、机组等设备的启停、故障、停止、就地/远控显示。

操作内容：电动阀的打开、关闭或停止命令按钮；

水泵、机组等设备的启动、停止命令按钮；

泵和电动阀的解锁、联锁命令按钮。

在流程图界面上执行任一个操作命令时，点击相关命令按钮后都会弹出一个确认“是否进行操作？”的对话框，运行人员根据操作设备现场情况点击“是”或“否”，防止误操作。

所有动态数据必须在授予操作权限下根据需要手工置值或修改动态数据上、下限报警值等。

流程图画面可以通过“翻页”或->、<-键读到下一页，或通过“翻页总按钮”按钮翻到流程图画面的任意一页。

弹出式流程图画面可以在相应的流程图画面上通过 “弹出式流程图”按钮选择到需要的弹出式流程图，如：循环冷却水回水加压泵流程图、局排系统流程图等。

（2）数据一览画面

数据一览画面主要以表格形式显示工艺系统的工艺参数，如主机冷却水系统检测参数，冷却水系统检测参数等。

（3）参数趋势画面

所有参数、设备状态的历史趋势都可以通过参数位号进行查找；

参数检测趋势图可以通过“翻页”或->、<-键读到下一页。

（4）报警一览画面

黄色闪烁光标表示当前报警参数的报警时间，报警位号名称，报警值，报警参数描述，报警确认时间等。

绿色闪烁光标表示参数正常。

报警确认：单个参数报警，在动态数据处双击鼠标，在弹出框中点击消铃按钮。光字牌下进行分区域多个参数报警确认，双击光字牌，在弹出区域框中点击全屏确认按钮。

在报警一览画面当前页可以进行报警追忆，切换到实时报警显示可以设置显示方式，确认所选报警信息。

（5）操作记录一览画面

操作记录（可根据位号查找、任何时间段、时间点的操作记录）。

以下为辅助工艺 DCS 实时监控系统部分典型的工艺流程图画面。

（1）水处理工艺系统流程图画面

水处理工艺系统流程图画面见图 5-54。

（2）工艺冷却水工艺系统流程图画面

工艺冷却水工艺系统流程图画面见图 5-55。

（3）循环冷却水工艺系统流程图画面

循环冷却水工艺系统流程图画面见图 5-56、5-57、5-58。

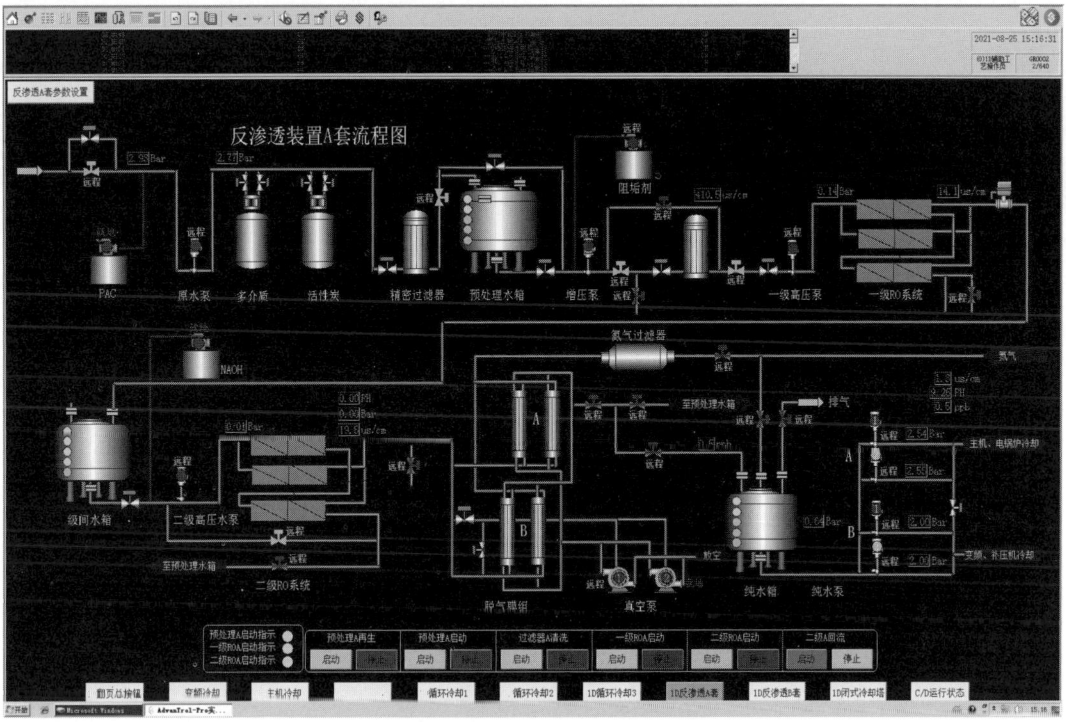


图 5-54　水处理工艺系统流程图画面

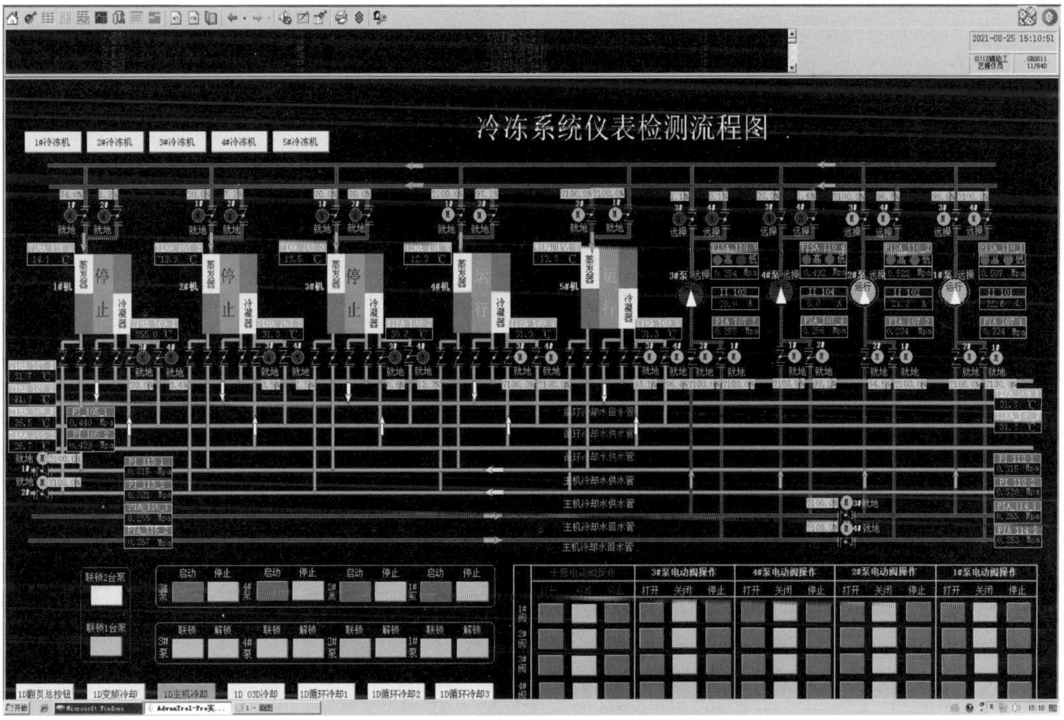


图 5-55　工艺冷却水工艺系统流程图画面

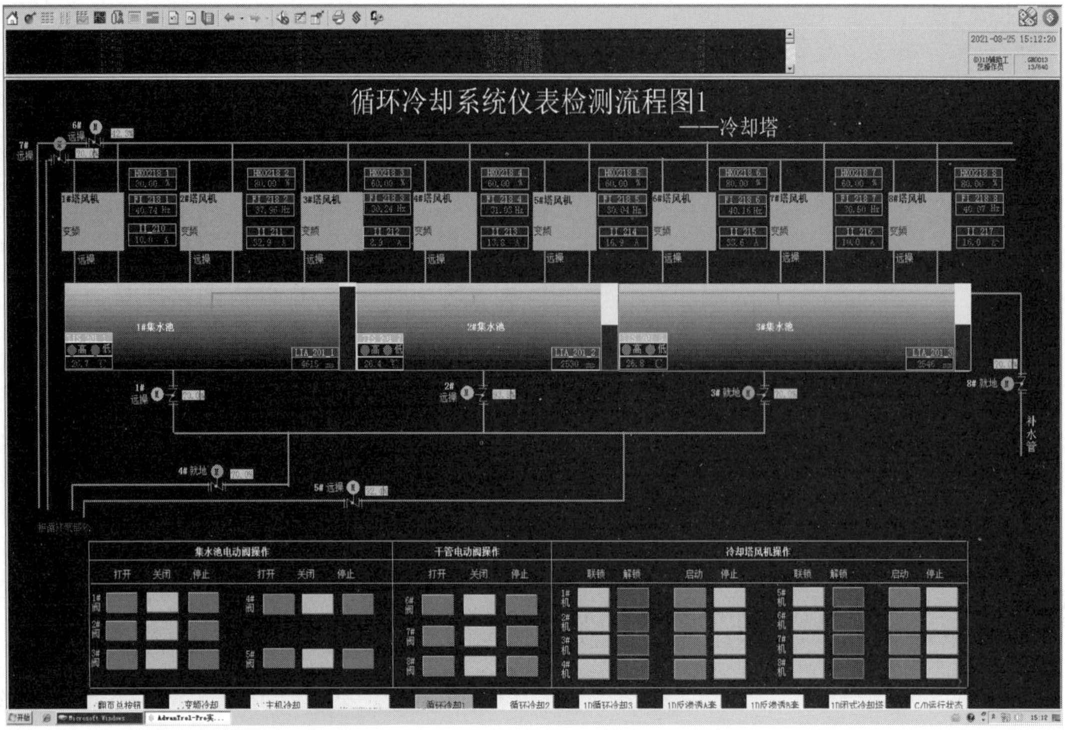


图 5-56　循环冷却水工艺系统流程图画面（1）

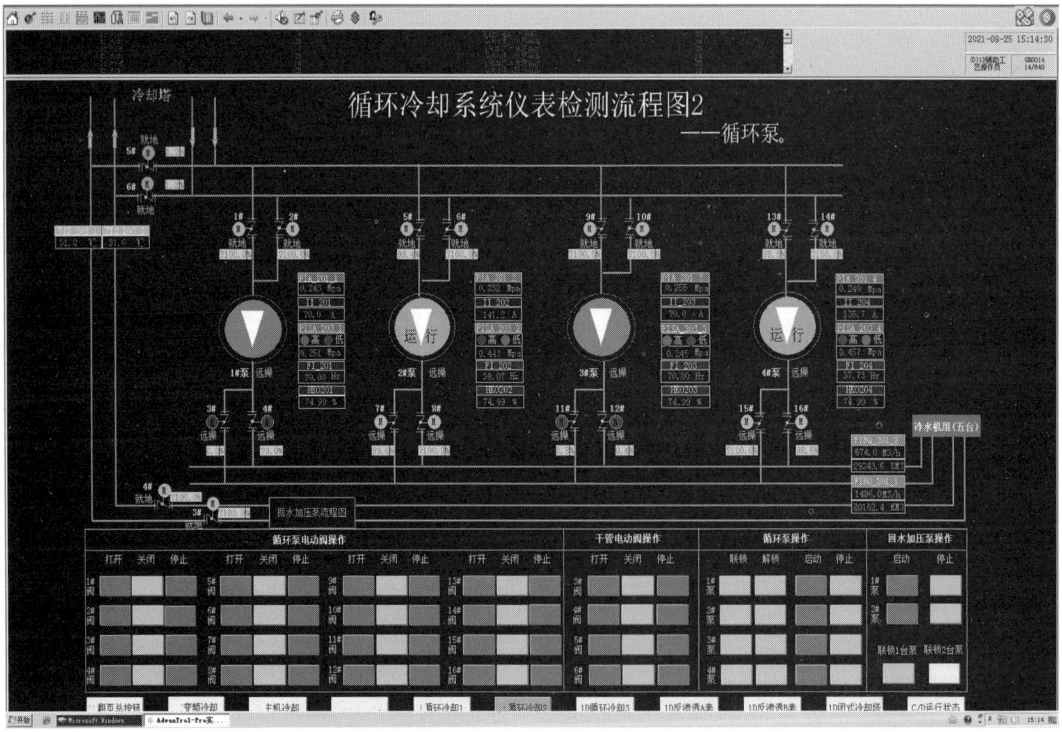


图 5-57　循环冷却水工艺系统流程图画面（2）

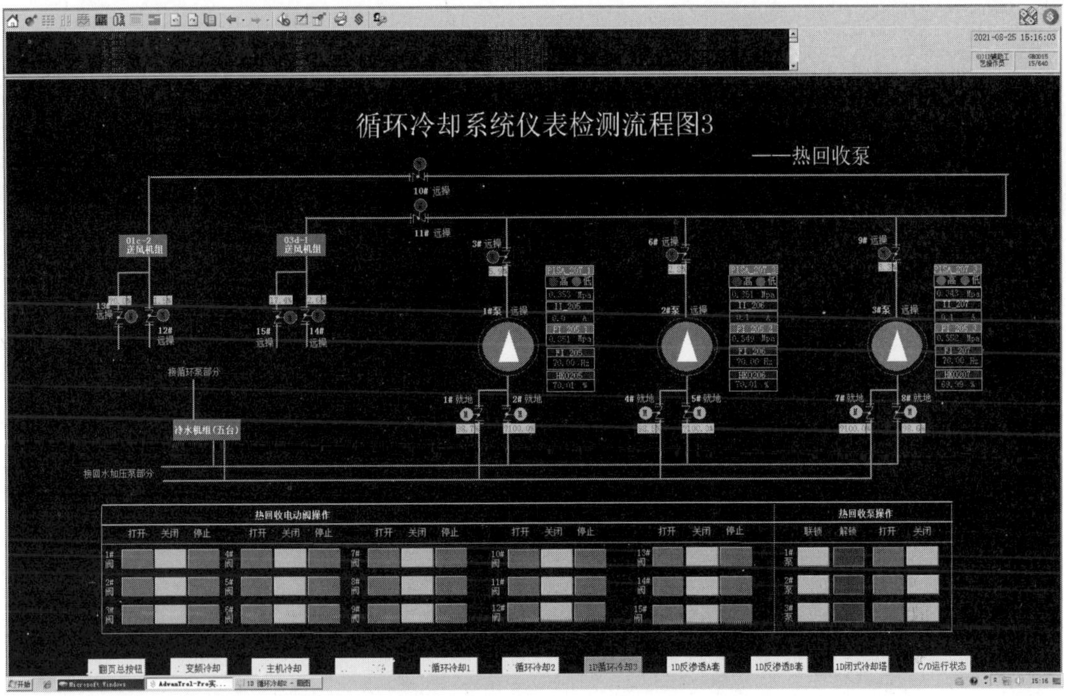


图 5-58　循环冷却水工艺系统流程图画面（3）

（4）闭式冷却塔工艺系统流程图画面

闭式冷却塔工艺系统流程图画面见图 5-59。

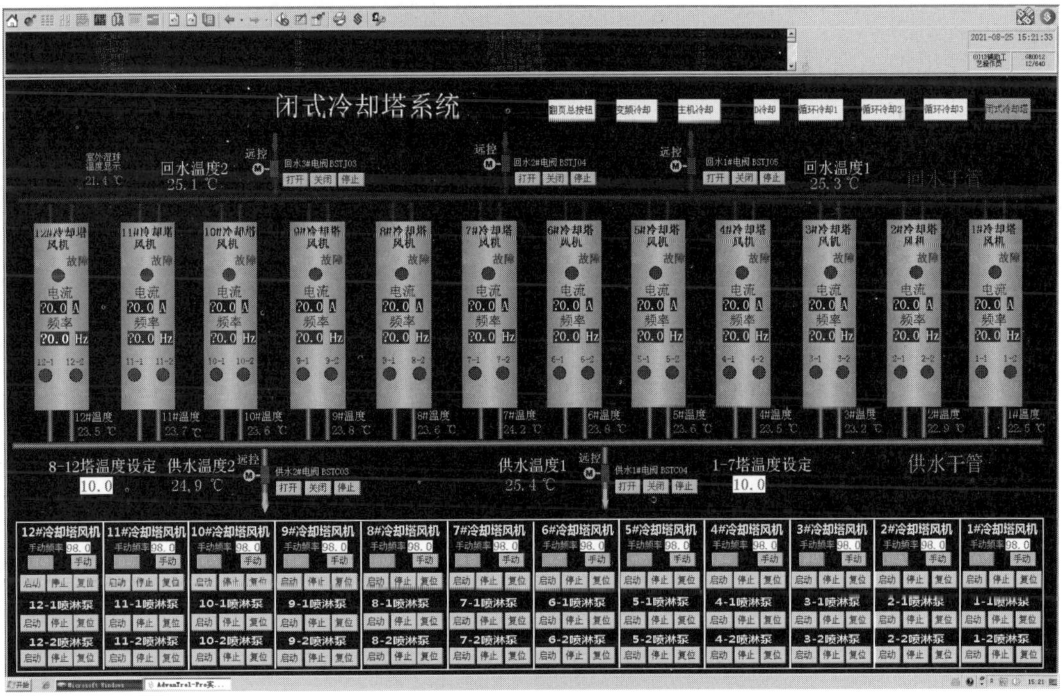


图 5-59　闭式冷却塔工艺系统流程图画面

（5）空调工艺系统流程图画面

空调工艺系统流程图画面见图 5-60。

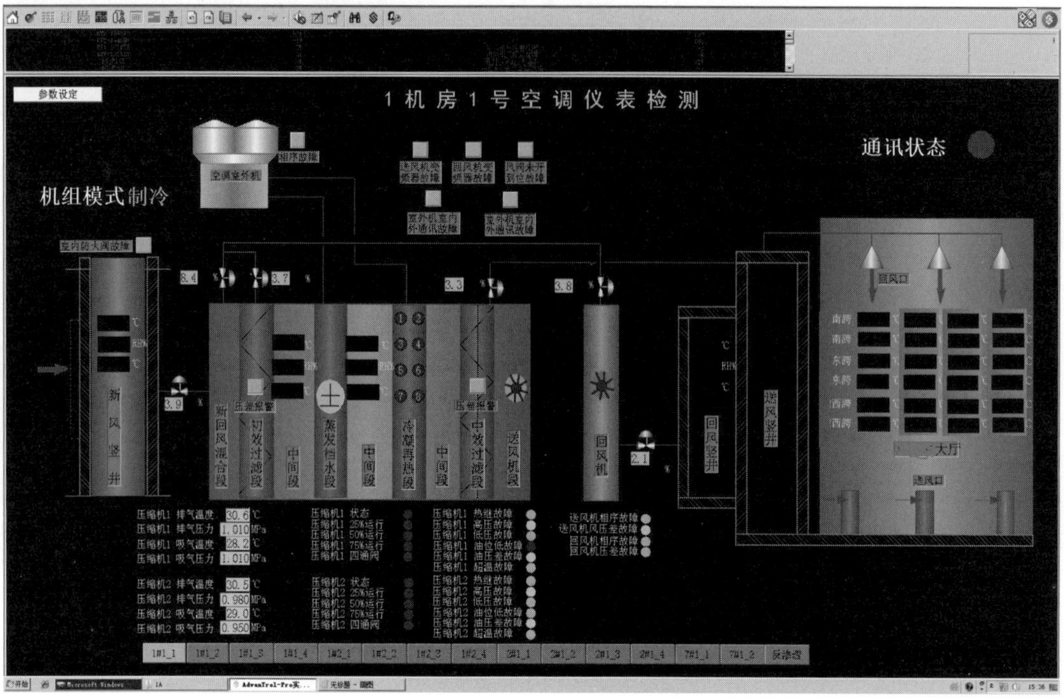


图 5-60　空调工艺系统流程图画面

# 第6章

# 典型的检测与控制原理

## 6.1 联 锁

### 6.1.1 联锁的定义

联锁是指根据工艺系统运行需求，在过程控制系统中设定一定的逻辑关系，将现场所采集的仪表参数及设备状态信息与被控制设备联系起来，当运行状态及参数偏离运行要求时，控制现场设备按照一定的逻辑关系执行动作，从而实现自动保护的功能。

过程控制系统中的联锁一般基于以下原则设置：

- 预防危险情况；
- 预防对设备或材料的损害；
- 防止指定的操作；
- 确保正确的操作。

联锁屏蔽：消除预置联锁对执行机构作用的可能性。联锁屏蔽是工艺系统的非正常运行方式，在以下几种情况时，需要解除联锁功能：

- 自动控制设备、事故保护传感器或配套供电设备异常，可能导致联锁功能误动作时；
- 自动控制设备、事故保护传感器或配套供电设备故障检修时；
- 自控仪表系统部分功能性试验时；
- 工艺运行人员按照运行规程的要求，认为需要暂时解除联锁功能时。

解除屏蔽：恢复联锁功能。在以下几种情况时，需要恢复联锁功能：

- 自动控制设备、事故保护传感器或配套供电设备异常消除，考核正常，确认联锁功能可正常投入时；
- 自动控制设备、事故保护传感器或配套供电设备检修完成，确认联锁功能可正常投入时；
- 自控仪表系统功能性试验完成，确认联锁功能可正常投入时；
- 工艺运行人员按照运行规程的要求，认为需要解除屏蔽功能时。

注意：在解除屏蔽前，先检查系统状态及参数，对设备进行解锁操作，确认工艺保护线路恢复到原始状态。

### 6.1.2　联锁的实现方式

在控制系统中，联锁关系的实现包括逻辑输入端、逻辑输出端及逻辑运算等三部分。联锁实现的逻辑原理图见图 6-1。

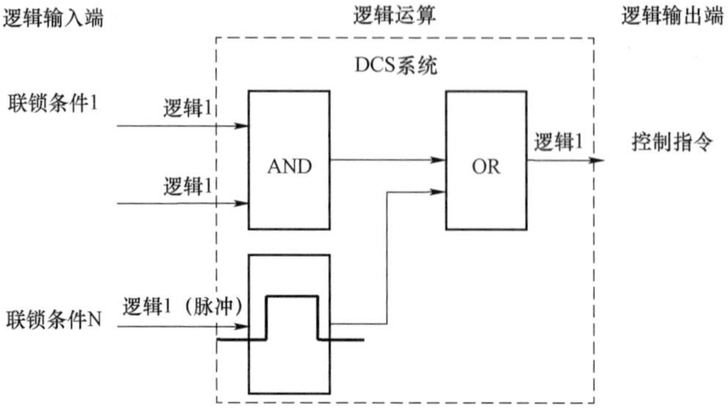


图 6-1　联锁实现的逻辑原理

逻辑输入端：包括工艺参数或设备状态的检测点、辅操盘（就地）开关、按钮、选择开关、以及操作指令等，它们起到参数检测、发布逻辑指令的作用。这些元件的逻辑状态也就是逻辑系统的输入信号。

逻辑输出端：包括报警显示单元（声光报警灯）和操作设备的执行元件（电磁阀、电动机接触器等）以及控制程序的运行、停止，这些元件由系统的输出信号驱动。

逻辑运算：根据输入信号进行逻辑运算，并向逻辑输出端发出逻辑控制信号。逻辑运算是在控制系统 PLC、DCS 中完成的。其中的逻辑运算主要是指“逻辑与”“逻辑或”“逻辑非”以及“逻辑计时器”（延时）、“逻辑触发器”（记忆）等。

### 6.1.3　主辅工艺系统的联锁

在离心法铀浓缩工厂的主辅工艺控制系统中，联锁控制是最基本的功能，其中以级联工艺控制系统的联锁控制功能最为全面、复杂。主要联锁可以大致分为传感器事故保护联锁、主机系统阀位不符联锁、供电事故保护联锁、跨系统联锁（如料流间联锁）等。

#### 6.1.3.1　传感器事故保护联锁

表 6-1 所示为级联系统事故保护传感器及其联锁设定内容，每台事故保护传感器设定有事故保护动作值，当达到事故保护动作值且未处于屏蔽状态时，则触发联锁，按照预先设定好的联锁内容执行事故保护动作。

**表 6-1　事故保护传感器及其联锁设定**

| 序号 | 事故保护传感器 | 联锁设定 | 备注 |
|---|---|---|---|
| 1 | 机组贫料轻杂质事故保护传感器 | 机组自动旁联并关闭，同时联锁区段关闭，但不卸料 | |
| 2 | 机组精料轻杂质事故保护传感器 | | |
| 3 | 机组一级贫料压力事故保护传感器 | | |

续表

| 序号 | 事故保护传感器 | 联锁设定 | 备注 |
|---|---|---|---|
| 4 | 机组一级供料压力事故保护传感器 | 机组自动旁联并关闭，同时联锁区段关闭，但不卸料 | |
| 5 | 机组二级贫料压力事故保护传感器 | | |
| 6 | 机组二级供料压力事故保护传感器 | | |
| 7 | 区段供料轻杂质事故保护传感器 | 本区段自动关闭卸料、联锁机组旁联关闭，机组内其他区段关闭不卸料 | |
| 8 | 区段精料轻杂质事故保护传感器 | | |
| 9 | 区段贫料轻杂质事故保护传感器 | | |
| 10 | 区段贫料压力事故保护传感器 | | |
| 11 | 区段主机转速事故保护 | | |
| 12 | 区段流向事故保护传感器 | 联锁区段卸料、抽空阀自动关闭 | |
| 13 | 料流管线上 1YK 后 1 压力事故保护传感器 | 联锁关闭阀门 Б1、Б2、Б4（БР1、БР2、БР4） | |
| 14 | 料流管线上 1YP 后 2 压力事故保护传感器 | | |
| 15 | 料流管线上 2YK 前 3 压力事故保护传感器 | | |
| 16 | 料流管线上 1YK 后轻杂质事故保护传感器 | | |
| 17 | 料流管线上 2YK 前轻杂质事故保护传感器 | | |
| 18 | 料流管线上回流 3 轻杂质事故保护传感器 | 联锁关闭 Б4（БР4） | |
| 19 | 料流管线上回流 25 压力事故保护传感器 | | |
| 20 | 辅助系统的流向事故保护传感器 | 联锁关闭与其联锁设定的快速截断阀 | |
| 21 | 卸料系统主线（备线）压力事故保护传感器 | 联锁机组主线（备线）禁止卸料 | 在部分级联分为奇数、偶数、备用线路 |
| 22 | 氟利昂管线轻杂质事故保护传感器 | 联锁关闭对应管线上的快速截断阀 | |
| 23 | 氟利昂管线压力事故保护传感器 | | |

#### 6.1.3.2　级联机组系统的阀位不符联锁

机组电阀允许状态见表 6-2。

**表 6-2　机组电阀允许状态**

| | 机组电阀 | | | | | | | 工况 |
|---|---|---|---|---|---|---|---|---|
| | S01 | S02 | S03 | S04 | S05 | S06 | S12 | |
| 阀位 | 开 | 开 | 开 | 开 | 关 | 关 | 开、关 | 正常运行工况 |
| | 关 | 关 | 关 | 关 | 开 | 开 | 开、关 | 机组关闭并旁联工况 |

除以上图表所列阀位外都产生机组阀位不符信号 HK 报警。

区段电阀允许状态见表 6-3。

除表 6-3 所列阀位外都产生区段阀位偏差信号 HK 报警。区段阀位偏差信号为机组关闭的联锁条件之一，接下来以某级联系统为例进行说明。当区段出现阀位偏差信号，且

S04 阀不在关状态，S05、S06、S07 三个阀门其中之一不在关状态时，为防止抽空级联，联锁该区段所在机组旁联（机组 S05、S06 阀打开）、机组关闭（机组 S01～S04 阀关闭），机组内其他区段关闭不卸料。

**表 6-3 区段电阀允许状态**

| | 区段电阀 | | | | | | | 工况 |
|---|---|---|---|---|---|---|---|---|
| | S01 | S02 | S03 | S04 | S05 | S06 | S07 | |
| 阀位 | 开 | 开 | 开 | 关 | 关 | 关 | 关 | 正常运行工况 |
| | 关 | 关 | 关 | 开 | 开 | 关 | 关 | 向主线卸料工况 |
| | 关 | 关 | 关 | 开 | 关 | 开 | 关 | 向备线卸料工况 |
| | 关 | 关 | 关 | 关 | 关 | 关 | 开 | 向抽空系统抽空工况 |
| | 关 | 关 | 关 | 关 | 关 | 关 | 关 | 关闭区段工况 |
| | 开 | 开 | 开 | 开 | 开 | 关 | 关 | 向主卸料抽机组工况 |
| | 开 | 开 | 开 | 开 | 关 | 开 | 关 | 向备卸料抽机组工况 |

#### 6.1.3.3 供电事故保护联锁

供电事故保护联锁见表 6-4。

**表 6-4 供电事故保护联锁**

| 序号 | 联锁条件 | 联锁设定 | 备注 |
|---|---|---|---|
| 1 | 全厂失电信号 | 关闭供料流并屏蔽料流事故保护传感器、屏蔽卸料系统流向事故保护传感器，屏蔽未卸料区段的流向事故保护传感器，从精料端开始按照时间设定每隔一定时间（一般设定为 10 s）旁联关闭机组并卸料 | |

#### 6.1.3.4 系统间联锁

系统间联锁见表 6-5。

**表 6-5 系统间联锁**

| 序号 | 联锁条件 | 联锁设定 | 备注 |
|---|---|---|---|
| 1 | 3#流（精料流）关闭 | 关闭供料流，并打开精料端部机组回流阀。（除 405-1A 系统）405-1A 系统为联锁打开精料端部机组回流阀 | |
| 2 | 4#流（贫料流）关闭 | 联锁关闭供料流。有中间料流的级联系统除联锁关闭供料流外，关闭中间精、贫料流 | |
| 3 | 卸料系统压力事故保护传感器动作 | 关闭正在卸料或抽空的区段卸料、抽空阀，并产生对应管线的禁止卸料信号 | |
| 4 | 机组有截断信号且机组关闭信号 | 关闭供料流 | |

### 6.1.4 联锁实现实例

下面以级联工艺控制系统中的“轻杂质事故保护联锁”“压力继电器事故保护联锁”

及“机组系统阀位不符联锁”来阐述联锁的实现过程。

#### 6.1.4.1　轻杂质事故保护联锁

在工艺过程控制系统中，轻杂质事故保护传感器的工作原理是利用热导分析法把轻杂质含量的变化情况转化为电压信号。如图 6-2 所示，传感器输出的电压信号传送至现场控制站：首先在接线端子板中进行隔离等信号处理，然后经输入卡件模数转换电路将输出的电压信号转为数字量信号，数字量信号通过数据转发卡传输至主控卡，与软件组态中设定的事故保护联锁动作值进行逻辑运算，当采集到的信号达到或者高于联锁设定的动作值且未屏蔽时，形成事故报警信号，经输出卡件控制现场执行机构按照联锁设定的执行目标及顺序依次执行联锁动作。

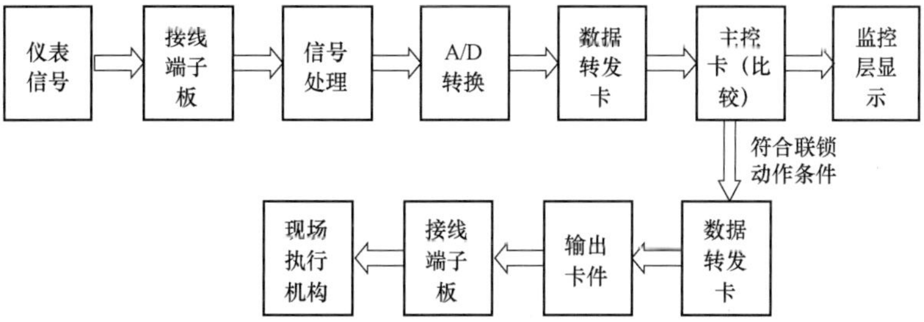


图 6-2　轻杂质事故保护动作信号流程图

以机组轻杂质事故保护动作联锁机组 S01 阀为例进行说明，DCS 系统持续采集机组轻杂质事故保护传感器 1 的参数，并通过 ALARM 模块进行比对，当参数值高于设定的动作保护值时输出高高限报警，且当该传感器处于非屏蔽状态时，通过 SR 触发器产生机组事故保护信号，此时检测机组旁通阀 S05、S06 处于开状态，且机组 S01 阀无关状态、无开命令，则产生机组 S01 阀关命令并通过开关量输出板发送至阀门动力盘柜。（如图 6-3 所示）。

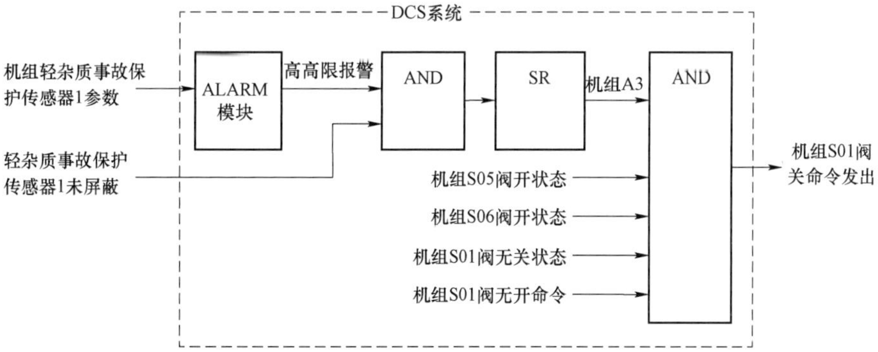


图 6-3　轻杂质事故保护联锁实现的逻辑原理

#### 6.1.4.2　压力继电器事故保护联锁

在工艺过程控制系统中，压力继电器事故保护传感器采集到的信号为开关量信号，压力继电器的工作原理是当有压力变化时，薄膜敏感元件产生形变，引起传力机构上的触点与压力设定值指针上的触点闭合。在现场控制站中，压力继电器的压力事故保护触点闭合信号，经开关量输入板卡采集后通过数据转发卡发送至主控卡，按软件组态中设定的逻辑运算（如图 6-4 所示），形成事故报警信号，经输出卡件控制现场执行机构按照联锁设定的执行目标及顺序依次执行联锁动作。具体信号处理流程如图 6-4 所示。

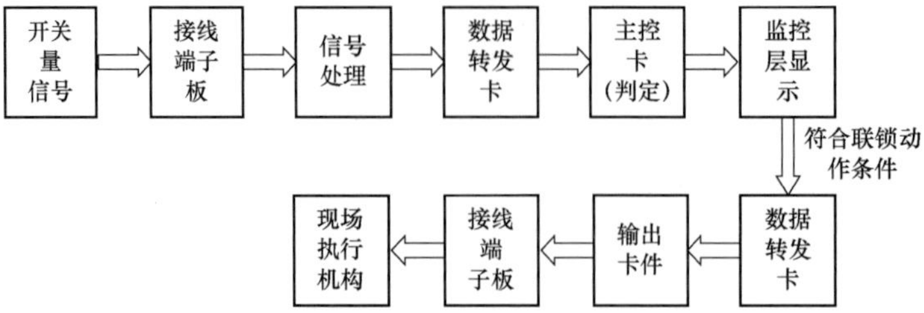


图 6-4　压力继电器事故保护动作信号流程图

以机组压力继电器 1 事故保护动作联锁机组 S01 阀为例进行说明，DCS 系统持续监测机组压力继电器触点状态，当机组压力高于压力继电器设定的动作值时，继电器触点吸合，DCS 监测到触点吸合状态，且继电器 1 处于非屏蔽状态时，通过 SR 触发器产生机组事故保护信号，此时检测机组旁通阀 S05、S06 处于开状态，且机组 S01 阀无关状态、无开命令，则产生机组 S01 阀关命令并通过开关量输出板发送至阀门动力盘柜。（如图 6-5 所示）。

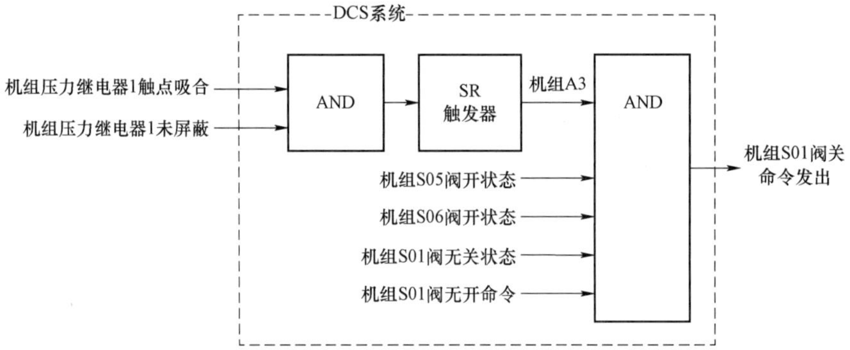


图 6-5　压力继电器事故保护联锁实现的逻辑原理

#### 6.1.4.3　HK 阀位偏差联锁

在 DCS 系统，针对现场每一个电动阀门，会定义两个状态通道，分别是开状态通道及关状态通道。DCS 系统通过状态通道中直流 24 V 电压查询现场阀门处于开或者关状态，当现场阀门机械位置至开状态时，机械限位开关开触电闭合，直流 24 V 通过已闭合的开触点并返回 DCS 系统，DCS 系统接收返回信号，则认为该阀门处于开状态，同理，当机械限位开关置于关触点闭合时，DCS 接收到关返回状态，则认为该阀门处于关状态。

区段阀位偏差信号为机组关闭的联锁条件之一，当区段出现阀位偏差信号，且 S04 阀不在关状态，S05、S06、S07 三个阀门其中之一不在关状态时，为防止抽空级联，联锁该区段所在机组旁联（机组 S05、S06 阀打开）、机组关闭（机组 S01-S04 阀关闭）。以区段阀位偏差信号参与机组 S05 阀打开为例进行说明（如图 6-6 所示）。

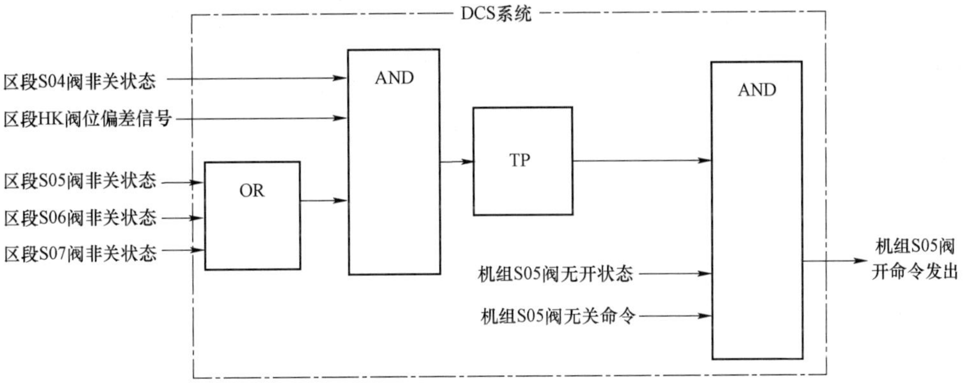


图 6-6　阀位偏差信号参与机组 S05 阀控制的逻辑原理

# 6.2　频率信号测量

离心法铀浓缩工厂中，每台主机上会安装感应磁场变化的感应线圈，主机高速旋转时，在感应线圈上输出一交变的感应电压 V，按照工艺要求，都会配置主机转速测量系统，即利用该系统依次实现每台主机旋转频率信息的检测。

## 6.2.1　频率测量方法

一般来说，频率测量的方法有：

（1）计频法

所谓频率，就是单位时间内信号周期变化的次数。如果以 1 s 为单位，测出此时间区间内的脉冲个数就是频率。这样的精度并不高，如果把单位时间放大到 10 s、100 s 等，这样精度会提高很多。设置时间阀值，对该时间内采集脉冲计数，计数为 $N$；计时法，精确测 $N$ 个脉冲所用时间，计时为 $T$。则计时计频测出频率为 $F=N/T$。

（2）计时法

测量一个脉冲来的时间和结束的时间，二者之差便是信号周期，取其倒数便是频率。但是如果待测频率很高，脉冲周期非常短，这就要求很高的计时器来测量这微小的时间差，所以这种方法测量高频往往难以满足精度要求。但是测量 10 个、100 个……，脉冲周期就会很容易一些，精确一些。

单独使用某一种，虽然加大测量范围，可以提高精度，但是还是有所缺陷。如果使用混合方法来实现，可以计算出高精度的频率。

## 6.2.2　频率测量盒

在陕铀公司的 IV 型转速系统中，采用的是基于 ARM 控制器的转速检测装置，一个转速测量盒可以同时检测 20 路正弦波信号或矩形波信号，参见图 6-7。转速盒中只有一块转速检测板，转速检测电路板由 RS485 通信接口、电源接口、ARM 处理器、转速信号方波调理电路、转速信号回路开路检测电路、多信号选择电路、20 路转速信号接口电路等部分组成。被测量的主机信号通过开关信号被选通，送入方波调理电路，处理器检测到该信号后启动定时/计数器开始测量，测量的结果被保存到内部 RAM 中。

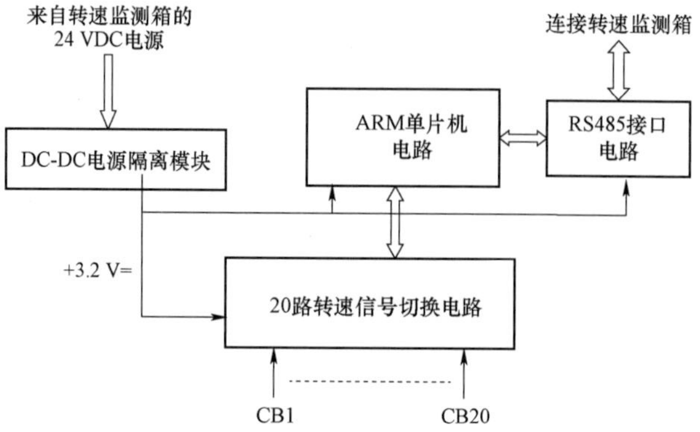


图 6-7　转速测量盒原理图

系统采用 24 VDC 供电，采用 RS485 总线形式通讯。在通讯总线上，转速盒作为从机，得到主机请求命令后，会自动把检测到的内部 RAM 中转速数据通过 RS485 总线发送出去。每个转速测量盒只负责 20 台主机转速的测量，可以大幅度的增加每台机器频率的测量周期数量，从而大幅度提高系统的测量精度，并且能够保证区段数据刷新周期控制在 3 s 以内。

### 6.2.3　区段频率测量箱

区段频率测量箱用于汇总一个区段内所有频率测量盒的转速数据及摩擦功耗数据，在区段频率测量箱面板上显示并上传至服务器；根据不同工况下机器的故障类型，汇总故障信息，触发报警信号并上传至服务器。

在陕铀公司的 IV 型转速系统中，区段频率测量箱采用基于嵌入式 ARM 处理器的控制卡、通讯卡及报警输出卡；现场人机界面用发光二极管、彩色 7 寸液晶触摸屏、乒乓开关、按钮等器件来设计，通过开发定制专用系统替代了同类系统中普遍采用的工业控制计算机系统，该方案实现的区段频率测量箱结构紧凑、便于现场安装。其功能设置合理，可维护性及运行可靠性都得以较大的提升。

#### 6.2.3.1　区段频率测量箱结构

区段频率测量箱主要由触摸显示屏、报警电路板、通信电路板、信号调理电路板、电源电路板、接口电路板等几部分组成，如图 6-8 所示。

（1）电源板

区段频率测量箱中安装两块开关电源板，电源板由一块 200 W 的开关电源和接口电路板组成。这两块输入 AC 220 V50 Hz、输出 24 VDC 的开关电源板在直流端进行冗余，为区段频率测量箱及转速盒提供电源。

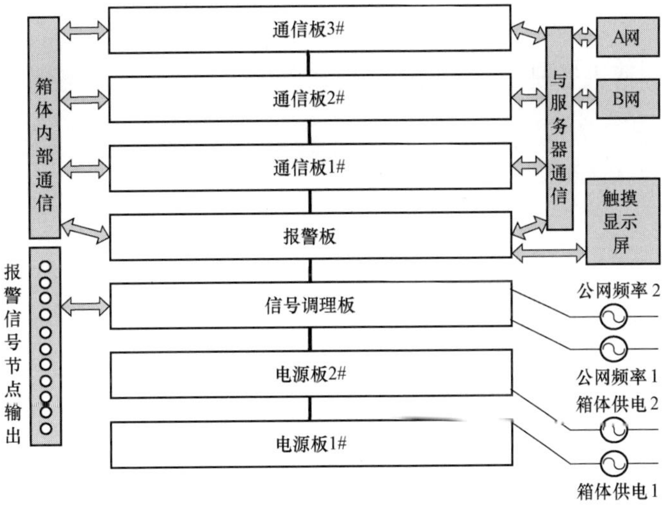


图 6-8 区段频率测量箱结构图

（2）调理板

区段频率测量箱中安装一块调理板。信号调理板负责将电网强电信号转换成 ARM 处理器能接受的弱电信号，同时将 ARM 处理器输出的弱电信号经驱动放大后转换成继电器信号输出。

调理板由电网频率调理电路、报警输出电路两部分组成；

- 电网频率调理电路负责将电网交流强电信号转换成 TTL 方波信号，提供给报警板检测电网频率；
- 报警输出电路负责将报警板送来的报警信号，经驱动放大后控制继电器输出。

（3）人机交互面板

区段频率测量箱的人机交互系统由一块 LED 指示灯电路板和 7 寸彩色液晶触摸屏组成。LED 指示灯负责指示报警故障综合信息，7 寸彩色液晶触摸屏负责显示转速数据、摩擦功耗数据、故障异常的数据。

（4）转速通信板

区段频率测量箱中安装有三块通信板。转速通信板完成转速盒转速数据、摩擦功耗数据的收集，摩擦功耗测试指令的下达；同时将收集到的数据进行分析，并将分析结果上传给服务器和报警电路板。

（5）报警板

区段频率测量箱中安装有一块报警板。报警板完成电网频率采集、单元内转速数据收集、摩擦功耗数据收集、显示分析结果、根据分析结果控制报警继电器；报警板还提供人机交互，能完成单元内报警数据、转速数据的查询。

#### 6.2.3.2 区段频率测量箱软件

（1）通讯软件

为保障系统的可靠性，系统与转速箱的通讯使用双网络冗余通讯。网络分为 A 网和 B

网。A 网和 B 网可分别工作在工作状态和备用状态，同一时间只能有一个网络处于工作状态，网络可实现自动切换。为保证网络数据的均衡，主机优先使用 A 网通讯，备机优先使用 B 网通讯。通讯处理流程图见图 6-9。

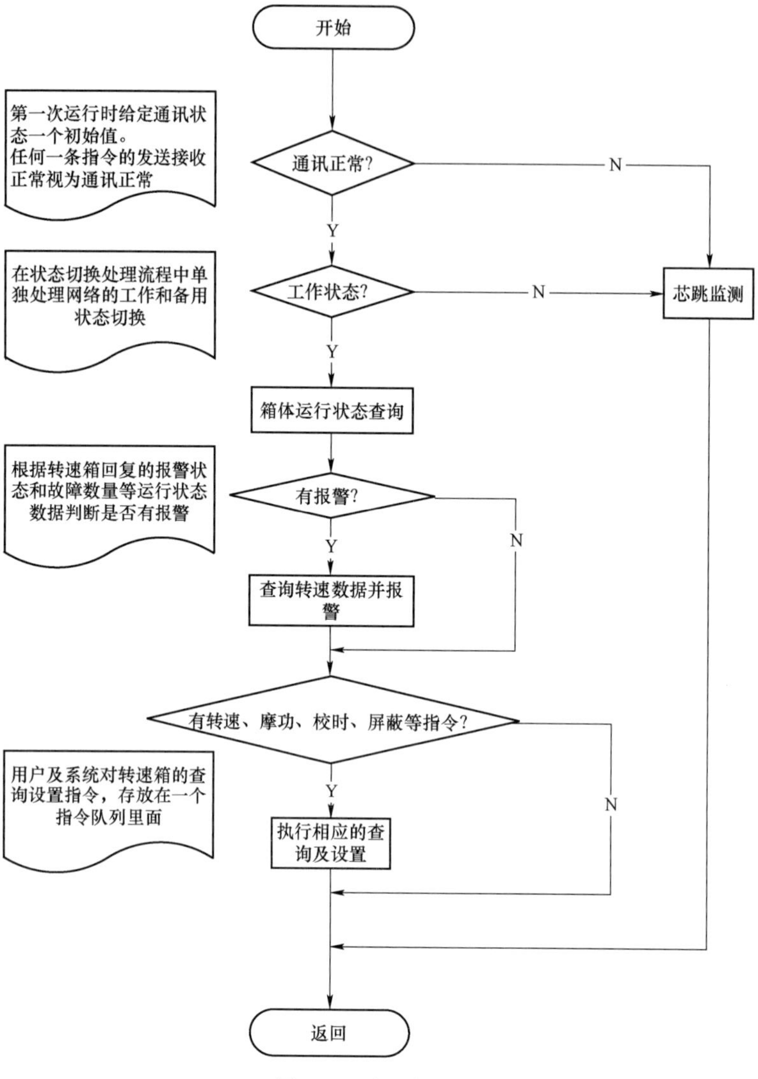


图 6-9　通讯流程图

（2）摩擦功耗测量软件

测量软件下发测量间隔后，启动测量，测量过程中可中断测量。测量间隔可根据需要设置，可进行多区段同时测量。流程图见图 6-10。

（3）频率测量软件

频率的测量按照使用的方法不同，分为区段监控、频率测量、单台监测、定时监测、区段巡检、升降周监测等。流程图见图 6-11。

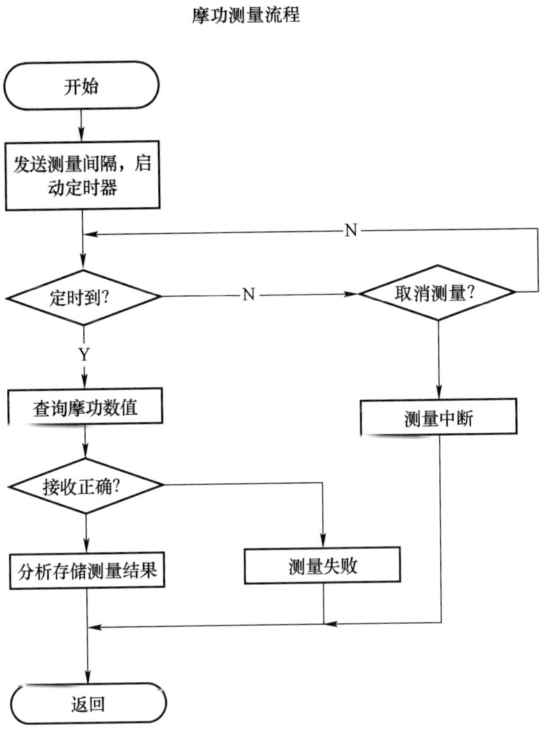


图 6-10　摩擦功耗测量流程

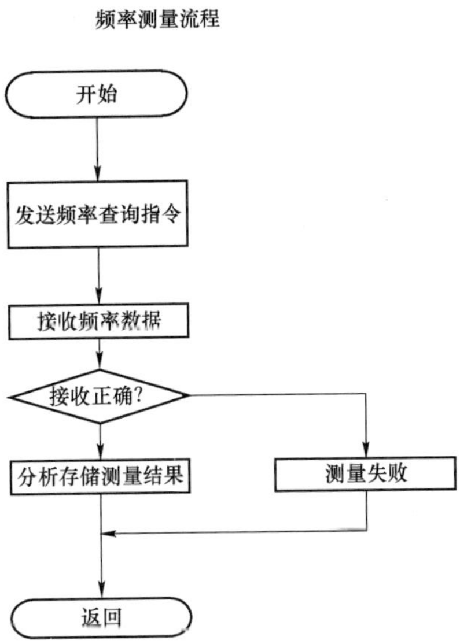


图 6-11　频率测量流程

# 6.3　电动调节阀控制

气动调节器主要用于离心法铀浓缩级联上机组压力和料流流量的调节，与调节器旁通阀成对配套使用。调节器在使用过程中需要零位系统提供参考压力，以及干燥无油压缩空气提供驱动力，属于典型的连续耗气设备，需要庞大的压空系统来支持运行。近年来，离心法铀浓缩级联专用电动调节阀研制成功并在行业内获得了普遍的应用，多条生产线陆续用电动调节阀代替了调节器来调节机组和料流压力，并取得了良好的应用效果。

## 6.3.1　电调阀工作原理

电动调节阀控制系统由电动调节阀、阀门控制器、DCS 控制三部分组成，由 DCS 控制输出的标准信号 4～20 mA 实现精确的阀门开度调节，并通过阀位传感器将实时阀位信号反馈给控制器。其工作原理如图 6-12 所示。

安装在凸轮运动轴上的阀位传感器检测的阀位反馈信号，经信号隔离与变换组成信号的负反馈环节，与伺服控制器输入信号比较后形成偏差，偏差由伺服控制器程序按照比例控制的位置和增量算法，产生校正输出。输出控制同步减速电动机，经涡齿减速机，凸轮出轴，滚珠轴，阀杆连接，阀盘等，组成一个半闭环运动伺服回路。运动过程中，同步减速电机匀角速转动，通过蜗齿传动机构，带动凸轮运动，从动轮（滚珠轴）沿凸轮轮廓轨迹运行，使得连接在从动轮上的曲柄杠杆带动阀杆，阀盘产生变速位移运动，从而实现开度变化的精确控制。

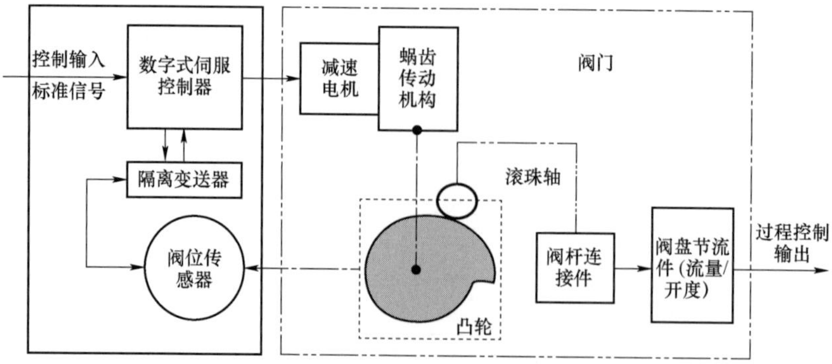


图 6-12　电调阀工作原理

## 6.3.2　电调阀控制器

阀门控制器与电调阀配套安装于现场，与阀体配套使用，主要用于调节阀的开度控制、操作和显示。阀门控制器在远控状态下，能够按照 DCS 输入的 4～20 mA 阀门开度标准信号，实现精确的阀位定位。同时能够把阀门的开度转换成 4～20 mA 的标准信号送给 DCS，以实现 DCS 的开度监控。

调节阀控制器是一个全数字化微处理器单元，接受 DCS 给定的控制信号，准确实现阀门执行机构的位置伺服控制功能。它由 CPU 芯片，A/D 转换电路、复位电路、标度转换电路、电动手操器电路、死区及运动禁止时间调整电路组成，其控制原理图如图 6-13 所示。

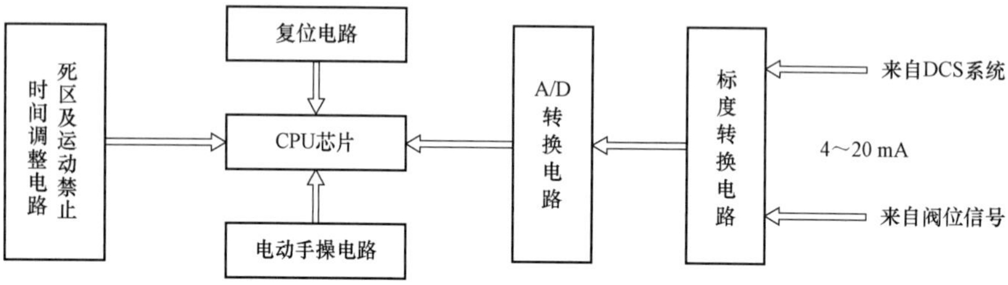


图 6-13　阀门控制器原理

## 6.3.3　电调阀控制原理

电调阀控制原理采用的是单回路闭环 PID 控制，如图 6-14 所示，SP 是来自 DCS 人机界面的键盘的设定值输入值，PV 是来自于现场变送器的测量值。偏差为 SP 和 PV 间的差值，调节器为普通 PID 功能块。PID 调节器根据现场测量变送单元采集的实时测量值 PV 和设定值 SP 之间的偏差值，进行 PID 运算调节后直接送给执行机构，执行机构根据得到的数据输出执行结果控制被控对象。再通过测量变送器将实时测量值送给 PID 调节器。

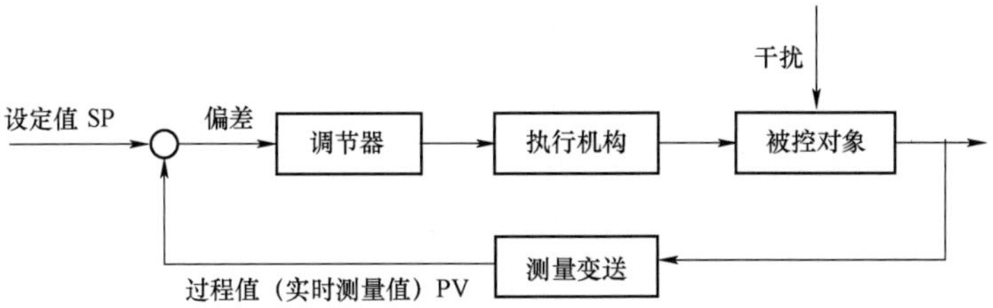


图 6-14　单回路闭环控制

### 6.3.4　电动调节阀控制算法

图 6-15 为电调阀控制算法流程图，压力变送器采集的现场实时信号经处理后，将贫料压力与供料压力送入 DCS，经过运算后输入给 PID 调节器，PID 调节器根据实时输入值和上层人机界面的设定值（SV）进行 PID 运算后输出一个模拟量数据 AO，转换为电信号为 4～20 mA 输出给电调阀控制器，用于调节电调阀开度。

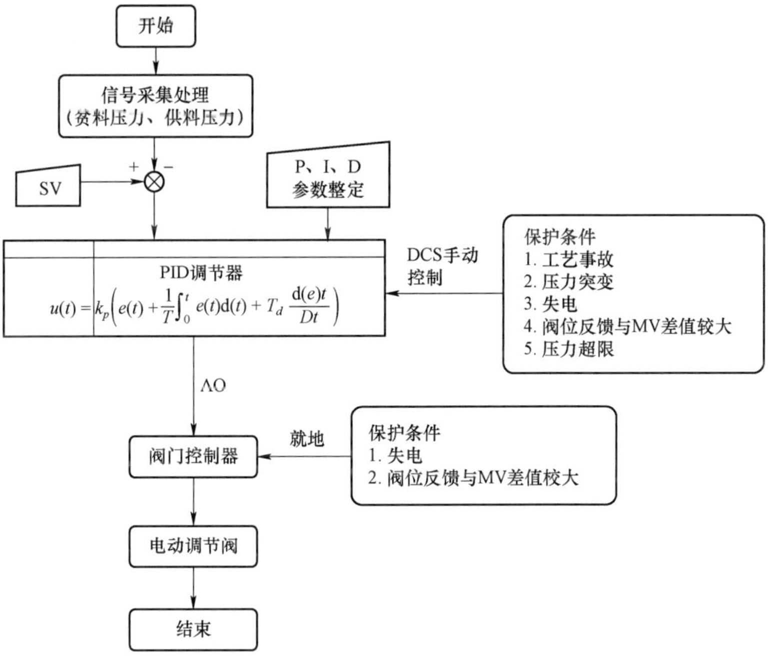


图 6-15　电调阀控制算法

同时为了防止人为或系统硬件故障引起工艺管线压力异常波动，DCS 系统做了一些防范措施，当异常出现时 DCS 控制转为手动或电调阀转为就地由阀门控制器就地控制。

## 6.4　电伴热控制

电伴热作为一种经济、有效的管道（容器）保温方案，广泛应用于离心法铀浓缩生产线的工艺系统中，离心法铀浓缩生产线管道电伴热的作用是为了防止 $UF_6$ 在管道内凝结而堵塞管路，在工艺回路中对 $UF_6$ 管道进行伴管加热，以满足原料在管道中畅通流动。电伴热控制系统的稳定与控制安全直接关系到主工艺生产线的运行稳定与工艺安全，工艺生产线正常运行时，电伴热系统是连续工作的。

### 6.4.1 电伴热部件

工艺系统中使用的电伴热部件主要有恒功率电缆式电伴热带及硅胶加热罩，也有少量自限温电伴热带，电缆式电伴热带主要用于工艺管道的加热，硅胶加热罩主要用于容器壁及部分阀门的加热，自限温电伴热带常用于一些临时实验系统。

如图 6-16 所示，恒功率电缆式电伴热带的构造为电源母线是两根平行的绝缘导线，在内绝缘层上缠绕电热丝，并将电热丝每隔一定距离（1 m）与母线连接，形成连续的并联电阻。母线通电后，各并联电阻发热，因而形成一条连续的加热带。恒功率加热带在通电后功率输出是一直恒定的，不会随外界环境温度、保温材料、伴热对象的材质变化而变化，而其功率的输出或停止通常由温度传感器来控制。

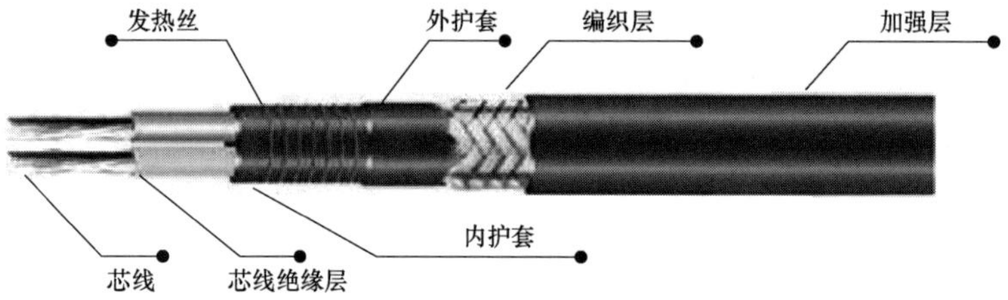


图 6-16　恒功率电缆式电伴热带

硅胶加热罩的工作原理与恒功率电缆式电伴热带相同，由于硅胶加热罩用于弧形的容器壁加热，因此在形状和外护套的材质上有所不同，材质为耐高温硅胶，利于紧贴在容器壁上，一个硅胶套分为左半套和右半套，弧度与容器壁弧度到完全一致，正常情况下左右半套结合严密。如图 6-17 所示。

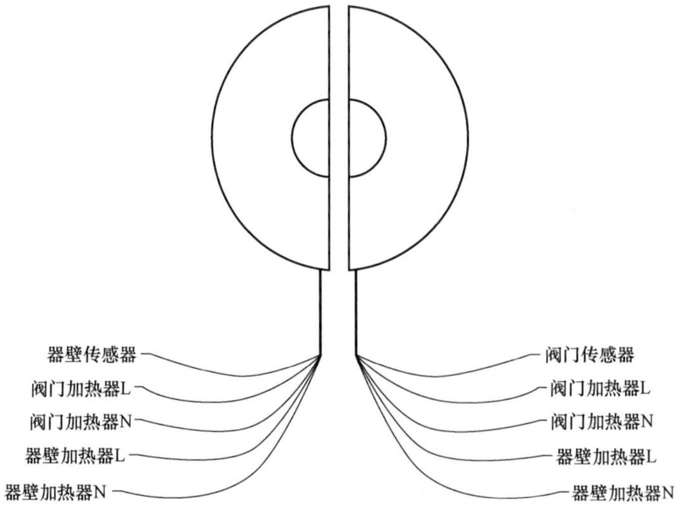


图 6-17　硅胶加热罩

自限温电伴热带，电热带电缆由导电高分子复合材料和两根平行金属导线及绝缘护套构成的扁形带状电缆，其特性是导电高分子复合材料具有正温系数“PTC”特性，且相互并联。如图 6-18 所示。

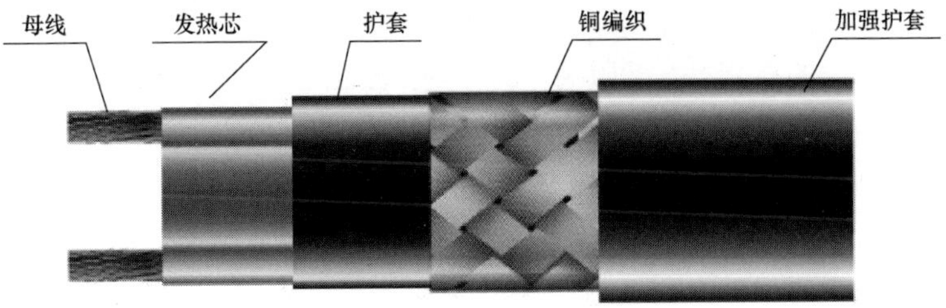


图 6-18　自限温电伴热带

### 6.4.2　电伴热控制系统组成

电伴热控制回路如图 6-19 所示：主要由现场测温元件铂热电阻，模拟量输入模块，开关量输出模块，执行机构交流固态继电器，主控单元，人机界面（HMI），以及被控对象现场电伴热带等几部分组成。

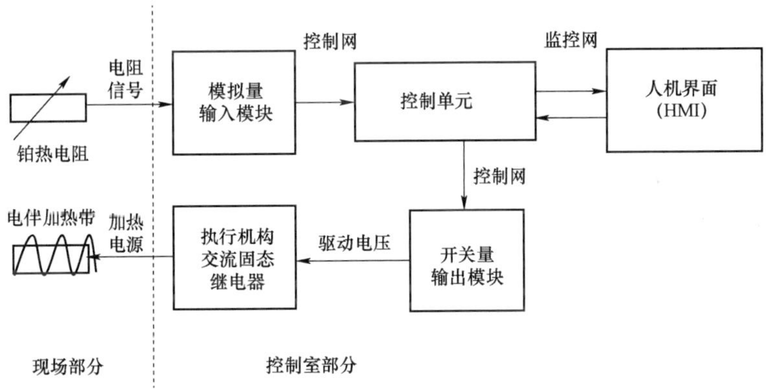


图 6-19　电伴热控制系统组成

### 6.4.3　电伴热控制原理

电伴热的控制采用的是 DCS 单回路闭环控制 PID 调节，可以很好的满足工艺的要求。如图 6-20 所示，为了维持管道温度在一定的范围之内，Pt100 热电阻采集管道壁温度，根据工艺设定值，通过 PID 输出百分比调节控制固态继电器（SSR），自动接通或切断管道电伴热带的电源来实现工艺管线电伴热的，并设定上下限报警。

PID 控制是闭环的一种控制过程，实时根据测量值来控制预设值，达到一种理想的控制。P 表示比例系数，I 表示积分时间，D 表示微分时间，PID 调节正是利用这三种控制方式使整个系统的控制过程达到一个最佳状态。

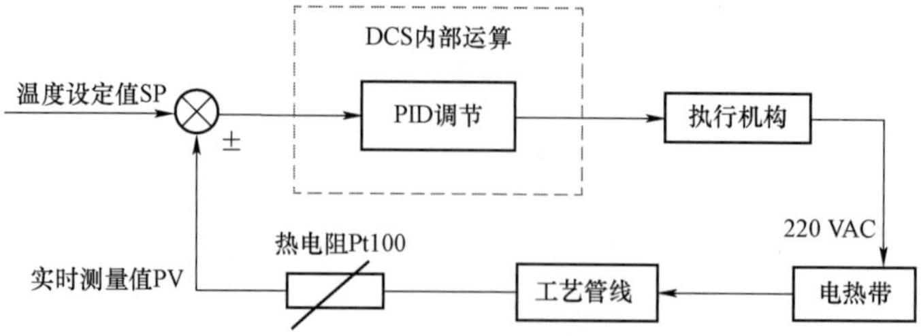


图 6-20 电伴热信号流程图

如图 6-21 所示为固态继电器原理图，固态继电器采用光电隔离，实现输入与输出之间的电气隔离，当控制端加上直流脉冲信号，受控端就能从关态转变成通态，从而控制附载电伴热带的正常工作。固态继电器的“1”端通过保险端子“A”入接 AC220 V 的相线，当某个固态继电器或电伴热带故障时，断开保险端子 A，可以有效切断电源 AC220 V。

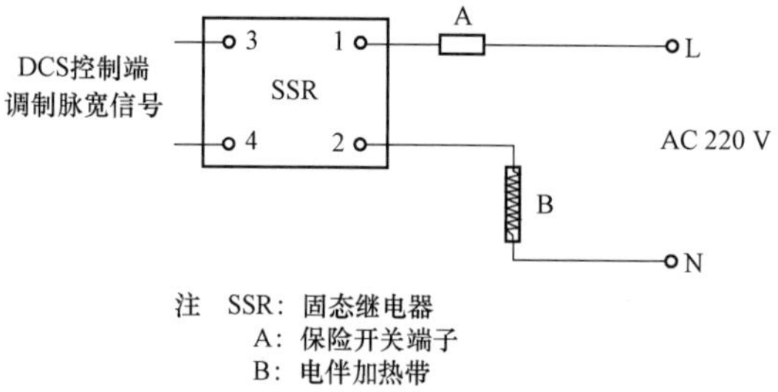


图 6-21 电伴热控制固态继电器端原理

## 6.4.4 电伴热控制算法

如图 6-22 所示，测温元件采集的现场实时信号，经处理后，将温度值 PV 送入 PID 调节器，PID 调节器根据输入的实时过程值和上层人机界面的设定值（SV）进行 PID 运算，输出一个模拟量数据 AO，由于电伴热执行机构固态继电器（SSR），只能接收开关量信号，因此需要在 DCS 算法内将 PID 调节器输出的模拟量 AO 信号转换为 DO 开关量信号输出，如图所示“AO 转 DO”实现了这个功能，将 AO 量程转换为与最终控制电伴热输出的 DO 同样的量程，再分别对 AO 和 DO 进行累积运算，将累积结果（U1，U2）进行比较运算，当 U1≥U2 则输出高电平，否则输出低电平，并将结果赋值给 DO，程序根据执行周期循环执行。对 U1 和 U2 的累积总量保证同步清零。

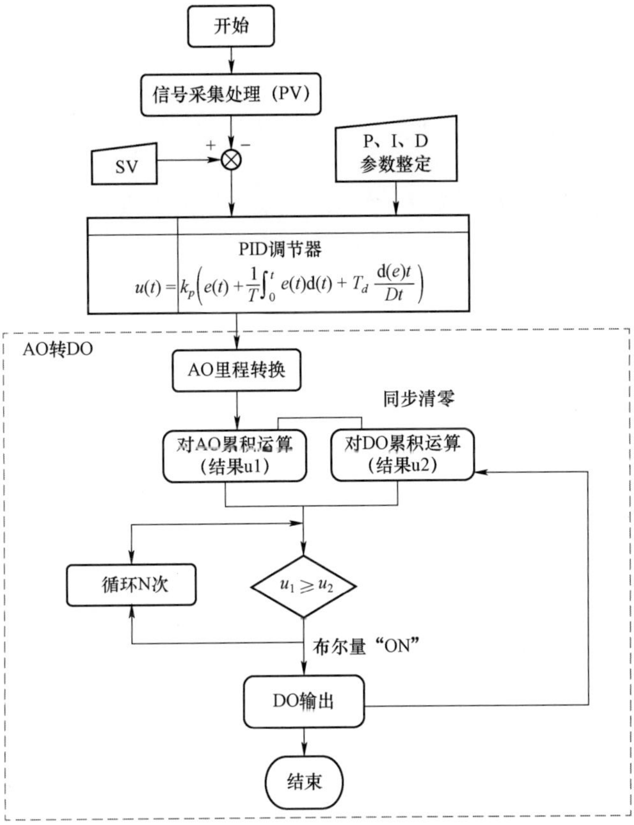


图 6-22　电伴热控制算法

# 第 7 章

# 检测和控制系统的维护与检修

## 7.1 检测和控制系统的维护

检测和控制系统的维护工作是一件十分重要的工作，它是保证工艺系统安全、经济、稳定运行诸多环节中不可缺少的一环。检测和控制系统维护工作体现出全面质量管理，预防为先的思想，自控仪表维护人员应当做好主、辅工艺各自控仪表系统的维护工作，通过有效的设备使用和维护管理活动，保证所有对安全有影响的检测和控制系统设备能够按照设计的要求保持其可靠性和有效性。

预防性维修是针对系统和设备开展的防止和缓解性能劣化或故障，或者对设备的性能与状态进行检测、检查及跟踪，以保持或延长设备使用寿命的维修活动。检测和控制系统的维护工作与运行单位的“设备管理”“计量管理”等管理程序中具体的管理要求具有一定的相关性，但普遍都采用了预防性维修模式，一般都会包含日常巡检、日常点检和定期检查等几方面工作内容。

### 7.1.1 日常巡检

巡检作业人员根据所辖系统分布情况，按照预定巡回检查路线，通过感官或测量工具对设备进行日常的巡视。即在巡检过程中，通过“观察”设备的运行状态，对照标准发现设备的异常现象和隐患，掌握异常设备的初期异常信息，使检修人员有目的有方向的进行点检，并做好巡检记录。

（1）巡检时间：每天需要对检测和控制设备的工作情况进行时间相对固定的目测检查，如果存在设备工作状况异常的情况，需要及时进行检修。

（2）巡检内容：主、辅工艺检测和控制系统的控制室自控设备、现场自控设备、仪表及自控设备的运行环境等。

检测和控制系统巡检内容见表 7-1 所示。

**表 7-1 检测和控制系统巡检内容**

| 设备类别 | 巡检内容 |
| --- | --- |
| 控制室自控设备 | 调度盘/模拟盘指示灯状态是否正常； |
| | 检查控制主机、显示器、鼠标、键盘等硬件是否完好，实时监控是否正常； |

续表

| 设备类别 | 巡检内容 |
|---|---|
| 控制室自控设备 | 查看故障诊断画面是否有故障提示； |
| | 打印机等记录设备耗材是否需要补充或更换； |
| | 观察过程站的各卡件的运行指示状态灯，判定运行状态是否正常（如有）； |
| | 供配电盘柜运行状态指示灯是否正常，电源电压是否在规定范围内。 |
| 现场自控设备 | 观察过程站、I/O 扩展站的各卡件的运行状态指示灯，判定运行状态是否正常； |
| | 观察动力柜各单元的运行状态指示灯，判定运行状态是否正常； |
| | 供配电盘柜运行状态指示灯是否正常，电源电压是否在规定范围内。 |
| 仪表 | 查看仪表指示、记录是否正常，调节器输出指示和调节阀阀位是否一致； |
| | 现场一次仪表（变送器）指示和控制室显示仪表、调节仪表指示值是否一致， |
| | 铭牌是否清晰无误，在校验期内。 |
| 其他 | 盘柜（台）等设备标识、警示标识是否正确、规范； |
| | 查看设备外观及环境（温湿度），要整齐、清洁，符合工作要求。 |

### 7.1.2　日常点检

日常点检是对检测和控制系统的维护最基本的检查，按照预先设定的周期和方法（日常点检卡），以感官为主，检测工具为辅，逐项检查和确认实施为要点，对设备进行技术状态的检查和监视，包括设备在运行中的声音、动作、振动、温度、压力等，并对设备进行必要的简单的维护和调整，并形成记录。日常点检的主要目的是及时发现设备的异常，防患未然，保证设备的正常运转。

日常点检包括检查、清扫、给油、紧固、调整、简单维修和更换等基本内容。除日常巡检的工作内容外，日常点检工作还包括以下内容：

（1）盘柜外观检查，并使用方巾对其表面灰尘进行清洁处理；

（2）盘柜散热风机过滤网，检查其污损程度，如有必要，对过滤网进行更换；

（3）盘柜内触点及端子，使用红外测温仪对相关部件进行测温，保证其发热温度不超过 40 ℃；

（4）电源单元及继电器检查，对其工作噪声进行检查，如有触点震颤，则对其进行更换；

（5）报警信号灯检查，通过对报警状态的检查，判断相关控制部件是否存在异常，必要时进行更换；

（6）异味检查，通过嗅觉检查电源等存在发热的部件，确保其工作状态正常；

（7）设备完整性检查，通过目视，对盘柜等设备的完整性进行检查，确保相关标示清晰。

### 7.1.3　定期点检

由设备检修部门设备维修人员根据定期点检卡的要求，定期对系统及设备的技术状态进行全面、深入的检查和测定，以便早发现系统、设备异常，避免发生或减轻故障，将损失减少到最低限度。定期点检除依靠点检人员五感外，需使用必要的仪器、工具等，有时还需将系统及设备退出运行状态。除日常点检的工作内容外，定期点检工作还包括系统及设备的精度和功能参数检测，对于存在缺陷的系统及设备，查明异常原因，记录检修应消除的缺陷。

离心法铀浓缩生产线的主辅工艺检测和控制系统中涉及系统种类及设备种类较多，依不同的系统及设备类别，需分别制定“定检规程”，定检周期一般为三年，在设备层面定期点检工作覆盖了供配电柜、动力层盘柜、逻辑层盘柜、中控室计算机等；在精度和功能参数检测方面覆盖了全部主辅工艺检测和控制系统。在离心法铀浓缩生产线的主辅工艺检测和控制系统中，精度和功能参数检测是定期点检的核心内容。

检测和控制系统定期点检项目主要内容见表 7-2 所示。

**表 7-2　检测和控制系统定期点检项目主要内容**

| 设备类别 | 项目序号 | 主要内容 |
| --- | --- | --- |
| 供、配电柜 | 1 | 外观检查； |
| | 2 | 线路连接检查：检查接插件、线缆标识，对无标识或标识不清的接插件、线缆重新注明，接线端子紧固； |
| | 3 | 工作电压检查； |
| | 4 | 指示和切换及报警检查； |
| | 5 | 相序检查及过流检查（阀门回路相关供配电柜）。 |
| 动力层盘柜（阀门动力柜、补压机动力柜等） | 1 | 外观检查； |
| | 2 | 线路连接检查：检查接插件、线缆标识，对无标识或标识不清的接插件、线缆重新注明，接线端子紧固； |
| | 3 | 工作电压检查； |
| | 4 | 电源切换功能检查； |
| | 5 | 通道检查及功能检查：包括自动备用、手动备用、切换、备用允许/禁止的动作检查。 |
| 逻辑层盘柜（现场过程站等） | 1 | 外观检查； |
| | 2 | 线路连接检查：检查接插件、线缆标识，对无标识或标识不清的接插件、线缆重新注明，接线端子紧固； |
| | 3 | 工作电压检查； |
| | 4 | 插件板上的电池，下次定期点检以前超有效期的，要予以调换； |
| | 5 | 现场过程站控制器冗余功能测试； |
| | 6 | 电源、通讯网络冗余功能测试。 |
| 中控室计算机 | 1 | 外观检查； |
| | 2 | 线路连接检查：检查接插件、线缆标识，对无标识或标识不清的接插件、线缆重新注明，接线端子紧固； |
| | 3 | 工作电压检查； |
| | 4 | 硬件检查； |

续表

| 设备类别 | 项目序号 | 主要内容 |
|---|---|---|
| 中控室计算机 | 5 | 软件检查与功能试验，主要检查操作系统及 DCS 软件使用情况，检查各级权限的设置，严禁使用非 DCS 软件； |
| | 6 | 根据生产需要做必要的系统软件升级及补丁安装，组态变更； |
| | 7 | 电源、服务器、操作员站、通讯网络冗余功能测试； |
| | 8 | 检查各控制器的负载情况，定期测试 CPU 负荷率，确定所有控制站的中央处理单元恶劣工况下的负荷率不超过 60%，操作站、数据管理站的中央处理单元恶劣工况下负荷不超过 40%。 |
| 系统功能检查（以机组系统为例） | 1 | 外部检查； |
| | 2 | 系统和仪表电压检查； |
| | 3 | 模拟量信号的转换和传输； |
| | 3.1 | 检查压力仪表转换； |
| | 3.2 | 检查轻杂质仪表转换精度； |
| | 3.3 | 检查流向仪表转换精度； |
| | 3.4 | 检查温度传感器的转换精度（电阻箱）； |
| | 3.5 | 层架温度信号的转换精度； |
| | 3.6 | 检查相对轻杂质仪表转换精度； |
| | 4 | 上述仪表的报警及事故信号形成传输； |
| | 5 | 断续量的形成和上传，包括压力继电器； |
| | 6 | 检查区段和机组的阀门控制通道； |
| | 7 | 检查事故保护； |
| | 7.1 | 区段事故信号和阀门之间的联锁； |
| | 7.2 | 检查区段事故信号和机组之间的联锁； |
| | 7.3 | 检查机组事故信号的联锁过程； |
| | 7.4/7.5 | 检查机组及区段轻杂质传感器供电控制； |
| | 8 | 就地屏蔽信号的形成； |
| | 9 | 执行机构试转（根据工艺专项计划执行）； |
| | 10 | 区段断送电命令功能检查。 |

## 7.2　检测和控制系统的检修

检测和控制系统的检修及故障处理是指为了确保主辅工艺系统的安全、稳定、持续运行而进行的重要生产活动，如检修不当，有可能把故障范围扩大，影响工艺生产，甚至造成工艺运行安全事故。检修工作包括对检测和控制系统的操作层设备、逻辑层设备、动力层设备、电源设备及仪表进行检修、故障处理等工作。

检修及故障处理的基础工作是建立键全检测和控制系统维护、检修系列规程，这些规程包括“计算机软件管理”“移动存储介质使用管理规定”“DCS 系统分级授权管理”“组态软件修改规程”“重要联锁投入/切除规定”“历史数据调用管理规定”“控制系统装机规程”等。通过这些规程对影响系统安全的操作权限、组态修改、系统防病毒等做出详细的要求，以指导并规范化检测和控制系统的检修工作的实施。

检测和控制系统的检修工作主要包含以下内容。

### 7.2.1 检修前准备工作

（1）检修人员须持有上岗证，方能进入现场从事设备检修工作，现场检修作业由双人配合进行即双人操作制，操作等级较低的人员负责操作，操作等级较高的人员负责监护，从而保证作业的正确性和安全性，双人操作制将有效避免人因事故的发生；

（2）检修作业严格执行“两票三制”管理制度，工作票、操作票的内容与实际检修工作内容一致。完成工作票、操作票的流程审批并在值班主任许可后，方能进入现场进行设备检修工作；

（3）测量工器具：检修工作所需工器具外观完好、无破损，万用表、兆欧表、红外线点温计、红外线热成像仪、示波器等厂内编号和合格证齐全，校验日期有效。检查电笔、螺丝刀等金属裸露部位绝缘处理完好可靠；

（4）检测和控制系统设备故障，检修主要采用排除法，而且维修很复杂，所以要准备适量的备品备件；

（5）安全组织措施：在进入检修工作现场前，检修作业人员需正确穿戴劳保防护用品；提前了解现场安全注意事项，对现场进行危险源辨识。

### 7.2.2 检修过程中的隔离保护措施

为了保证检测和控制系统（设备）检修过程受控，检修工作开展前，需要开具工作票和操作票，详细告知工艺人员处理故障时可能出现的情况，让工艺人员密切监视、做好防范措施。工艺值班主任安排相关专业的运行人员对被检系统（设备）进行隔离操作，且安排工艺运行人员对现场作业过程进行监护，故障处理中现场检修情况与控制室报警情况应随时保持联系沟通，以确保被检修系统（设备）不对工艺系统运行工况构成影响。

（1）控制室逻辑设备的检修隔离

控制室逻辑设备以操作员站为主，在系统设计时都考虑了足够的冗余设计，且冗余操作员站一般都处于热备用状态，为了防止工艺命令的人因误触发，设备自身的检修操作过程中应保证在通讯网络断开的方式进行。

控制室逻辑设备和位于现场的检测和控制设备之间，均采用了工业以太网、现场总线等通讯方式进行数据交换。在对控制室逻辑设备断、送电及网络接通、断开的过程中，逻辑芯片或电路中的逻辑竞争和随机脉冲信号是不会对下级检测和控制设备发出错误控制指令的。由此在检修控制室设备时，无需逐一的对现场动力设备进行断电。

（2）现场过程站的检修隔离

每个现场过程站中，实现了对电阀、补压机等多种工艺设备的集中监控，控制指令通过触点或者逻辑电平信号进行传输。检修工作中现场过程站两路电源原则上不能同时断电，确实需要断、送电操作时，要考虑到电平信号翻转和随机脉冲可能诱发的虚假指令发送情况。

为此在对过程站控制器或者 I/O 板卡进行检修时，需要断开电阀动力柜的电源，并将补压机动力柜和电调阀设备转为就地工作方式，避免错误指令影响主工艺生产线的正常生产。

（3）事故保护联锁屏蔽

进行检修工作时，需要明确联锁的条件和执行结果之间的关系，对于可能引发事故保护联锁的检修工作开展前，需对联锁条件进行屏蔽或者解除。以免错误指令影响主工艺生产线的正常生产。

（4）系统间的检修隔离

工艺各系统间具有一些联锁保护指令，譬如外电网失电引发的机组分批次关闭、卸料联锁，料流间联锁、辅助系统和区段之间的联锁。在对联锁条件判断设备进行检修工作时，需要明确联锁的条件和执行结果之间的关系，并对联锁条件进行屏蔽或者解除。以免错误指令影响主工艺生产线的正常生产。

（5）隔离保护措施的恢复

故障排除后，密切监视工艺系统的运行状况，包括指示灯、显示状态，确认系统工作正常后，得到工艺运行人员许可后，解除隔离保护措施，解除事故保护及系统间联锁屏蔽，恢复工艺系统正常运行。

### 7.2.3　检修过程中的技术措施

（1）查阅图纸、资料，了解相关工艺系统的生产过程、生产工艺情况及条件，了解检测和控制系统的设计方案、设计意图，掌握仪表系统的结构、特点、性能及参数要求等。熟悉检修工作内容及工作现场环境；

（2）根据系统运行的情况，存在的问题，依据检测和控制系统“运行维护规程”“检修规程”，制定切实可行的检修工作时间表，编制有针对性的检修工作实施方案，及配套操作卡；

（3）检修工作开始前应记录当前要进行检修工作工艺系统的报警及保护限值、各检测和控制回路的 PID 参数、调节器正反作用等系统工况数据；

（4）检修前要作好组态数据和系统的备份工作，在工程师站进行系统备份，将备份文件储存到专用的存储设备，并检查确认两个备份内容的完整一致，确保 DCS 系统各数据的可靠保存；

（5）检测和控制设备内部普遍采用了大规模集成电路，静电对它的危害很大，因此在检修时必须戴防静电手套或把手上的静电放掉；

（6）对检测和控制系统故障检修的关键是快速、准确地判断出故障点的位置，包括：

● 在分析检查检测和控制系统故障之前，要向工艺人员了解生产的负荷及原料的参数变化情况；

● 在对整个 DCS 控制系统进行检查时，可借助于操作站监控软件提供的对整个 DCS 控制系统的主控卡、I/O 卡件以及冗余网络等核心部件的运行状况远程监控和自诊断功能，来准确判断控制站的硬件和软件运行情况，特别是对在维护和故障处理当中，通过利用硬件和软件的远程诊断结果，及时、准确地掌握整个 DCS 系统的运行状况有很好的提示和帮助作用；

- 对 DCS 控制网络和硬件故障的诊断，通过观察故障诊断信息画面，借助该故障诊断画面提示信息，能够帮助我们了解和确认所出现的故障点的具体位置，界定是仪表、执行机构还是 DCS 系统故障，缩小故障处理范围，然后进行修正；
- 在 DCS 操作员员站上，还可以通过设置起始时间、结束时间和控制点后，对各类报警及故障历史记录进行查看，以便我们及时了解和掌握系统的运行情况，针对故障点进行相应的维护、检修；
- 观察故障现象，听、看设备运行状况，DCS 系统卡件级硬件均有 LED 指示灯标识其工作状态，通过硬件面板上的各类指示灯来了解和判断故障信息；
- 当某一生产状态异常或报警时，可以先找到反映此状态的仪表，然后顺着信号向上传递的方向，用仪器逐一检查信号的正误，直到查出故障所在；
- 用替换法进行 DCS 卡件更换时一定要确认是否在线更换，更换过程对系统是否有影响；
- 软件在线修改或是在线修改下装时，必须提前与工艺人员进行沟通，并且有安全防护措施，有监护人，且要做做好记录。软件变更要入档，并通知操作员和维护人员；
- 必要时且条件具备时，可对操作员站和外部设备进行离线诊断。